모발 및 두피 관리

구민사

저자 소개

임순자
경남도립거창대학 뷰티웰니스과 교수 / 이학박사

현장에서 바로 활용하는
모발 및 두피관리

초 판 인 쇄 | 2025년 2월 20일
초 판 발 행 | 2025년 2월 28일

저 자 | 임순자
발 행 인 | 조규백
발 행 처 | 도서출판 구민사
(07293) 서울시 영등포구 문래북로 116, 604호(문래동 3가 46, 트리플렉스)
전 화 | (02) 701-7421
팩 스 | (02) 3273-9642
홈 페 이 지 | www.kuhminsa.co.kr
신 고 번 호 | 제 2012-000055호(1980년 2월 4일)
I S B N | 979-11-6875-508-6 (93590)

정 가 | 25,000원

Preface
머 리 말

모발은 현대사회에 들어서면서 남녀노소 젊은층까지 아름답고 건강한 모발의 외적인 선을 넘어 자신감과 삶의 질을 향상시키는 중요한 요소 중의 하나로 자리매김하고 있다.

잘못된 습관이나 환경오염, 스트레스 등 여러 요인들로 인해 모발과 두피건강을 유지하기가 점점 힘들어지다 보니 전문적인 샵을 찾으며 어느 때보다 강조되고 있는 현실이다.

이 책은 현장에서의 고객관리 결과와 트렌드를 반영하여 내용을 작성하였고, 예비 취업을 준비하고 있는 학생들에게 현장에서 실천적인 직무를 양성할 수 있는 전문미용인으로서 어떤 준비를 해야 되는지에 중점을 두고 집필하였다.

이 책은 전문가뿐만 아니라 일반 독자들도 이해하기 쉽도록 있도록 구성되었다. 기본적인 두피와 모발의 구조에 대해 설명하여, 올바른 식별법과 관리법, 다양한 사람들의 두피타입별 체험 등 여러 문제해결방법을 다루었다.

모발과 두피건강을 유지하고자 하는 모든 분들에게 유용한 지침서가 되기를 진심으로 바라며, 이 책의 출판을 위해서 적극적으로 도움을 주신 도서출판 구민사 조규백 대표님과 직원 여러분들에게 깊은 감사를 드린다.

저자 임순자

Contents

목 차

Chapter 01. 생각열기 I

Chapter 02. 생각열기 II

Chapter 03. 두피모발 생리학

Chapter 04. 두피모발 타입별 분류 및 관리

Chapter 05. 영양학

Chapter 06. 기기학

Contents

목 차

Chapter 07. 고객상담

Chapter 08. 두피매뉴얼 테크닉

Chapter 09. 영양공급

Chapter 10. 두피모발상담관리사 예상문제

hair & scalp care

현 장 에 서 바 로 활 용 하 는

모 발 및 두 피 관 리

chapter

01

생각열기 I

어떤 직업이 나의 미래를 행복하게 해 줄까?

학·습·목·표

- 미용시장의 변화와 미용인의 직업 및 업무분야에 대해 알아본다.

1. 미용시장의 변화

현대인들에게 외적인 아름다움은 젊은 여성들은 물론 이제 남녀노소 가리지 않는 중요하게 인식되고 있는 상황이다. 이·미용산업에 남성들 역시 등장하여 자신의 외모와 사회생활에 영향을 60% 이상이나 차지한다는 통계도 있다. 즉, 남성도 두피와 탈모관리에 관심을 가지면서 남성전용제품과 서비스 시장이 성장하고 있음을 나타내며, 과거에 민감한 주제였던 탈모와 두피문제가 대중적으로 논의되면서, 관리에 적극적으로 투자하는 소비자들이 증가하고 있다.

현대인들이 생각하는 외적인 아름다움에 대한 개념이 그동안 보여지는 화려함에 치중되었다면, 메이크업이 건강한 피부에서 시작하는 것처럼 헤어스타일링을 위해서는 건강한 모발은 뿌리를 내리고 있는 두피관리를 해야 하는 필요성이 대두되고 있다. 즉, 전문샵에서는 "두피케어 룸"을 설치하여 좀 더 차별화된 두피매뉴얼 테크닉을 통해 스트레스 해소나 편안함을 찾아 건강을 바탕으로 한 아름다움의 토탈적인 개념의 샵으로 가고 있는 추세이다. 또한 노화를 늦추는 두피케어 시술 후 클레임을 예방하거나 복원하는데 있어서도 큰 몫을 할 것이다.

이제는 항노화 뷰티트렌드가 지속되면서 자연친화적이고 전문적인 관리 선호도가 높아지고 있다. 또한 웰빙트렌드와 맞물린 성장으로 미용시장은 고급화가 진행중이며, 세분화고 전문적인 분야로 인식되고 있음을 알 수 있다.

2. 미용인의 직업 및 업무 분야

업무 분야	전문 직종 분야	업무 내용	공통 직종 분야
헤어미용	- 헤어디자이너, 교육강사 - 두피 및 모발관리사, 경영자 등	- 헤어커트, 퍼머, 염색, 두피관리, 탈모관리, 업스타일 등	- 관련 잡지 편집인 - 미용교사 - 대학교수 - 경영 및 관리사 - 화장품 회사 교육강사 - 뷰티산업전문 연구원 등
피부미용	- 피부관리사, 교육강사 - 건강체형관리분야 전문가 등	- 얼굴, 체형, 제모관리 등	
메이크업	- 메이크업 아티스트 - 분장사, 교육강사 등	- 얼굴손질 및 화장 등	
네일미용	- 네일아티스트, 교육강사 등	- 매니큐어, 페디큐어 등	

chapter

02

생각열기Ⅱ

미래의 전문미용인으로서 어떤 준비를 하여야 할까?

학·습·목·표

- 항노화메디컬 서비스 분야로 두피관리사에 대해 알아본다.
- 두피관리사의 역할 및 교육과정, 전망에 대해 알아본다.

1. 두피모발관리사의 개요

1) 트리콜로지스트란?

- Trichology - 모발과 두피의 생리적 이론과 발생 가능한 문제들을 분석하고 관리하는 학문
- Trichologist - 두피 및 모발관리에 대한 기초지식을 갖추고, 체계적인 이론과 실기경험을 바탕으로 고객관리, 경영, 상담스킬, 관리방법 등 전반적인 역할을 수행 할 수 있는 자

2. 두피모발관리사의 역할 및 교육과정

전문가로서의 역할	상담자로서의 역할	서비스인으로서의 역할
① 두피모발 생리학	① 고객상담 스킬	① 이미지메이킹 기법
② 두피모발 타입별 분류	② 심리학	② 고객관리법
③ 영양학		
④ 기기학		
⑤ 두피진단법		
⑥ 두피모발제품사용법		

3. 자격검정 시험기준 및 응시자격

1) 자격검정 안내

(1) 두피모발 상담관리사 인증 강사 – 1급 자격증 취득 후 응시 가능

두피 및 모발관리에 제품적용 등 관리에 관한 전반적인 지식을 갖추고 체계적인 이론과 실기경험을 바탕으로 학습, 훈련된 교수법을 활용하여 전문가 영성을 위한 교육을 진행할 수 있는 실력의 상태를 가짐

• **검정 방법**(1차 완료)

- 유형: 강사테스트(판서능력평가 – 강의교안 완성도, 강사스킬, 전문지식 이해도)
- 발표시간: 30분
- 합격점: 80점 이상 / 100점
- 준비물: 미리 작성한 강의교안

(2) 두피모발 상담관리사 1급 – 2급 자격증 취득 후 응시 가능

두피 및 모발관리에 대한 제품의 적용 등 관리에 관한 전반적인 지식을 갖추고 체계적인 이론과 실기경험을 바탕으로 매장의 전력과 마케팅, 고객관리 등 경영에 관련한 관리능력 및 상담스킬, 관리방법 등 전반적인 역할을 수행할 수 있는 실장급의 전문가

• **필기시험**

- 유형: 객관식 4지 선다형 100문항 출제
- 발표시간: 60분

- 합격점: 70점 이상 / 100점
- 준비물: 응시표, 신분증, 필기도구(컴퓨터용 사인펜, 검정볼펜)

• 실기시험

- 유형: 논술형
- 발표시간: 60분
- 합격점: 70점 이상 / 100점
- 준비물: 응시표, 신분증, 필기도구

• 과제진행

- 고객의 두피, 모발유형에 따른 관리방법 등의 해결방안 제시
- 제시된 고객유형에 맞는 정확한 진단과 상담카드를 작성하고 적합한 제품과 기기 및 테크닉을 사용하여 두피모발 문제유형의 효과적인 개선을 통해 두피모발관리사로서의 인식고취와 고객상담의 중요성을 일깨워 주고, 진단 및 어드바이스를 함에 중요성을 더함

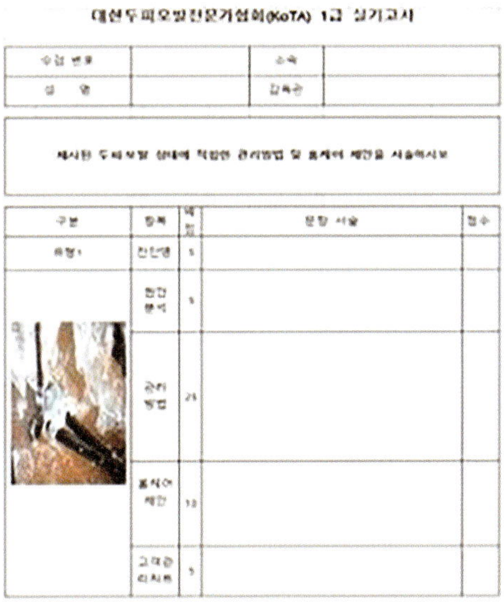
대한두피모발전문가협회(KoTA) 1급 실기고사

(3) 두피모발 상담관리사 2급 - 자격검정 수검원서 작성자

두피 및 모발관리에 대한 제품 적용 등 관리에 관한 전반적인 기초지식을 갖추고 체계적인 이론과 실기경험을 바탕으로 매장에서 고객의 관리, 상담, 예약접수 등 전반적인 역할을 수행할 수 있는 전문가

- **필기시험**
  - 유형: 객관식 4지 선다형 50문항 출제
  - 발표시간: 50분
  - 합격점: 60점 이상 / 100점
  - 준비물: 응시표, 신분증, 필기도구(컴퓨터용 사인펜, 검정볼펜)

- **실기시험**
  - 유형: 실기, 작업형
  - 발표시간: 50분
  - 합격점: 60점 이상 / 100점
  - 준비물: 응시표, 신분증, 필기도구, 실기세트(아래 참조)

- **과제진행**
  - 고객상담카드 작성(15분/20점) - 제시된 고객유형에 맞춰 상담카드를 정확히 작성함으로써 고객에 대한 전문인으로의 인식 고취와 기초 상담의 중요성을 일깨워 주고, 진단 및 어드바이스를 함에 중요성을 더함
  - 사전 준비 및 면봉 만들기(0분/10점)
    스틱면봉 2개, 재료세팅 점검(C,P-경고성, 위생성)

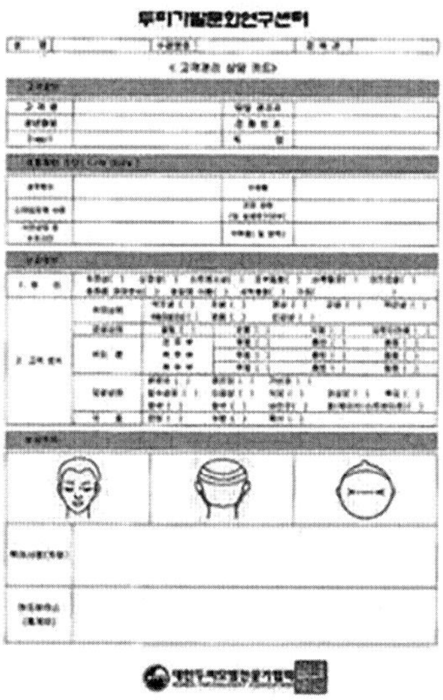

- 브러싱(5분/5점) - 두피 혈액순환을 돕고 관리 전 고객의 두피 및 머리카락 정리정돈

  (C,P-자세, 릴렉싱, 숙련도, 친절한 멘트 및 전문성)

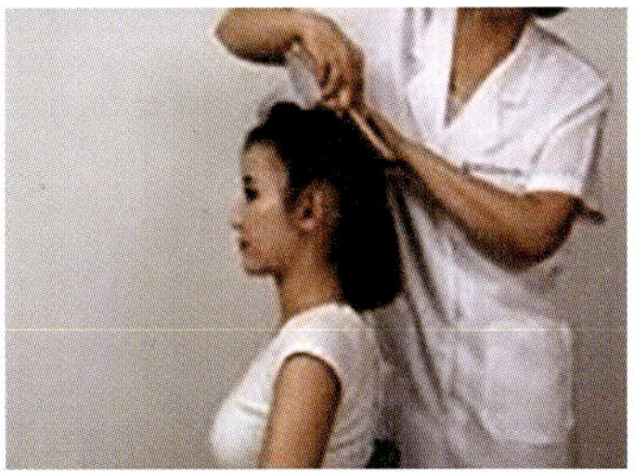

- 스케일링(10분/15점) - 두피의 오래된 각질 및 피지 산화물을 제거하기 위함으로 정확한 섹션과 숙련도를 점검. 스틱면봉 사용

  (C.P-4등분, 정확한 섹션 및 숙련도 도포방향)

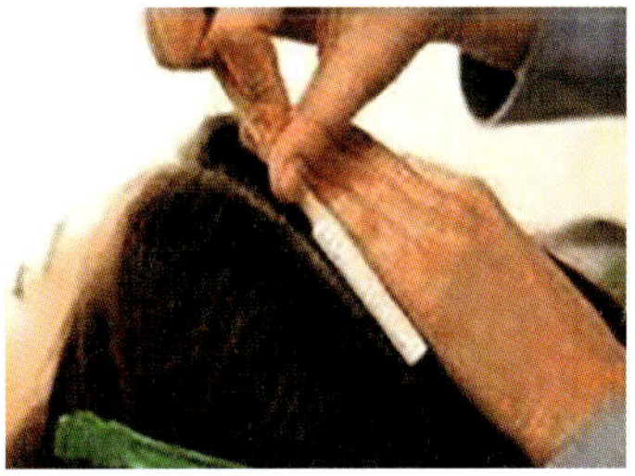

- 매뉴얼 테크닉(15분/30점) - 고객의 스트레스와 경직된 근육을 릴렉스시켜 혈액순환을 돕고 두피 및 심신의 안정을 통해 영양공급을 더욱 효과적으로 높이기 위함으로 자세, 혈점위치, 숙련도, 멘트 및 전문성 점검(질의응답 있음)

  (C.P-자세, 혈점위치, 숙련도, 친절한 멘트 및 전문성)

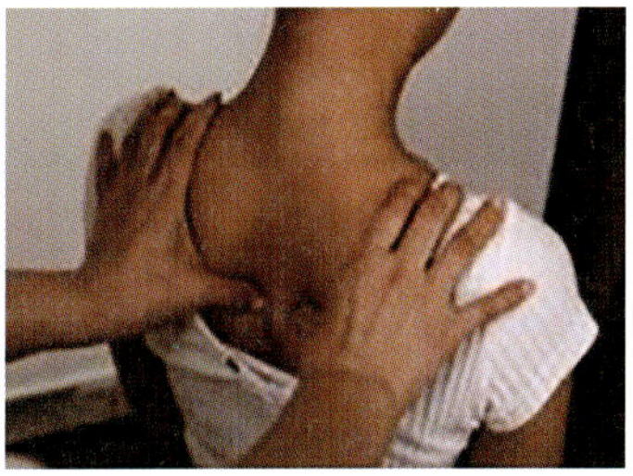

- 샴푸(15분/20점) - 고객의 두피와 모발을 청결하게 하여 두피생리 기능을 원활하게 하기 위함. 샴푸와 앰플 도포는 사설상 면제 가능(C.P-자세, 숙련도, 친절한 멘트 및 전문성)

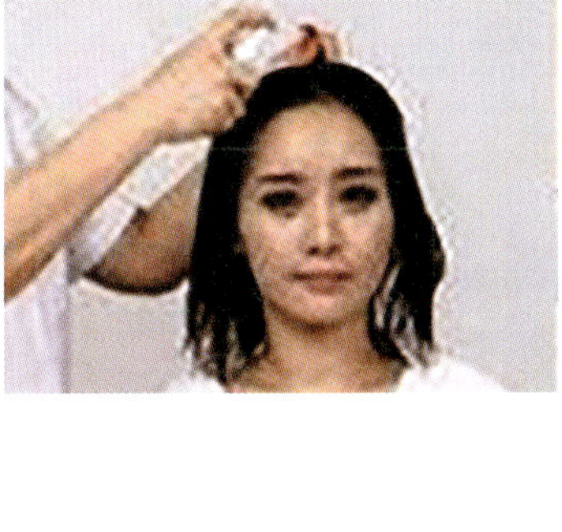

- 모발 및 정리 정돈 마무리

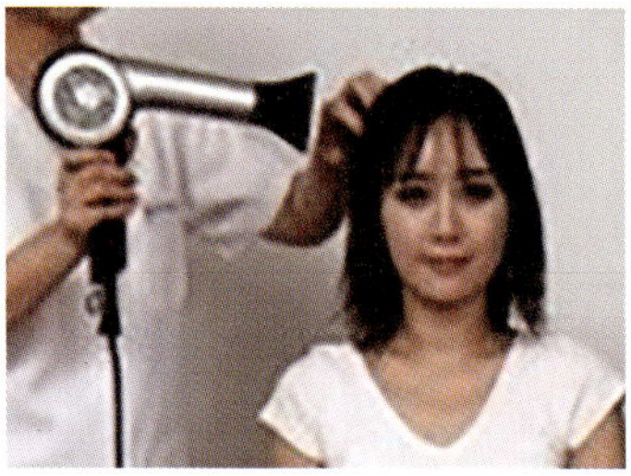

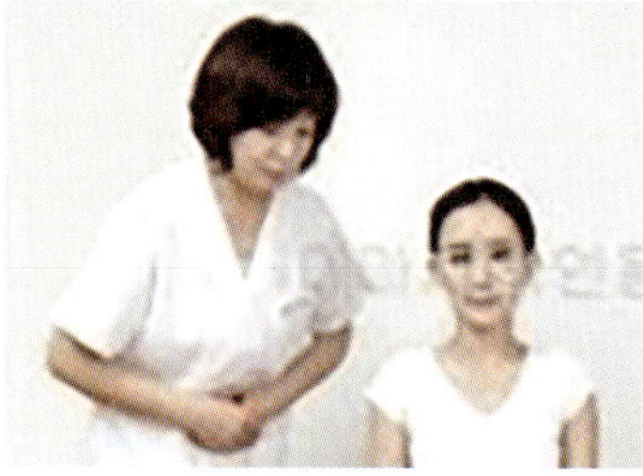

• 준비물

용시표, 신분증, 필기도구(컴퓨터용 싸인펜, 검정볼펜), 흰색타월(2장), 반창고, 분무기(샴푸), 어깨보, 흰색가운 착용, 관리제품 일체(스케일링제, 샴푸, 앰플), 거즈(탈지면), 고객상담카드, 거치대세트(거치대, 우드스틱 4개, 시험관 2개, 꼬리빗, 집게핀 4개)

샴프, 스케일링제, 앰플

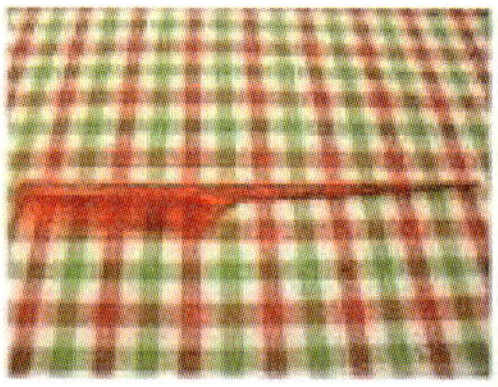

꼬리빗 1개

우드스틱 4개, 목화

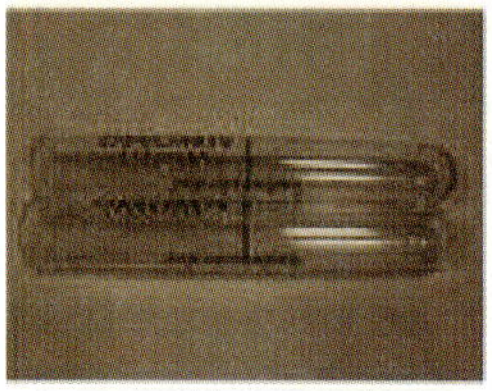

시험관 2개

거치대 1개

헤어 핀 4개

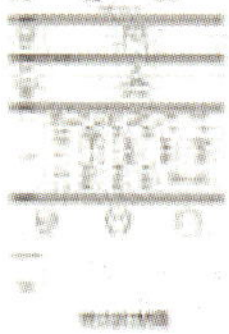

고객상담카드

알콜솜 4장

5m 연습용 3세트

두피모발전문상담사 2급 자격증시험 순서

<table>
<tr><td>준비물</td><td colspan="2">실기시험 준비물
• 응시표, 신분증, 흰색타월 2장, 관리사 가운, 흰색 라운드 면티, 쿠션
– 복장 시술자: 흰색 라운드 면티 입은 후 관리사 가운
– 모델: 흰색 라운드 면티
• 시술용 제품(클렌징, 샴푸, 트리트먼트, 영양앰플), 나무브러시, 거치대, 시험관, 우드스틱, 퍼프</td></tr>
<tr><td>1교시</td><td>상담카드
(15분)</td><td>상호 상담 및 진단 시진, 촉진, 문진을 통해 고객 생활습관 및 두피를 진단 관리계획작성, 홈케어 조언</td></tr>
<tr><td>2교시</td><td>브러싱
(5분)</td><td>1. 인사하기 – 목스트레칭
안녕하십니까, 고객님의 두피모발관리를 담당할 두피관리사 ○○○입니다.
브러싱 과정을 시작하겠습니다.

2. 브러싱
반드시 나무 브러시 사용
• 정중선을 기준으로 좌측 측두부에서 3등분하여 정수리 방향으로 사선으로 브러싱한다.
• 좌측 3등분(사선) → 우측 3등분(사선) → 중앙 3등분(정중선, 좌, 우)</td></tr>
<tr><td>3교시</td><td>스케일링
(10분)</td><td>섹셔닝 4등분 나누기(전두 2등분, 후드 2등분)
• 스틱의 방향성: 두피 안쪽에서 헤어라인 방향
ex) T.P → C.P
• 0.5~1cm 간격으로 섹션 길이만큼 2회 왕복
• 2섹션 시술 후 제품도포
• 좌측 전두부 → 좌측 측두부 → 후두부 → 우측 측두부 → 우측 전두부 → 헤어라인</td></tr>
<tr><td>4교시</td><td>샴푸
(15분)</td><td>• 머리를 미지근한 물로 충분히 적신다.
• 적당량의 샴푸를 두피에 바른 후에 거품을 낸다.
• 손가락의 지문을 이용하여 두피를 비비며 메뉴얼 테크닉해 준다.
• 혈점을 지그시 누른다.</td></tr>
</table>

<table>
<tr><td>4교시</td><td>샴푸
(15분)</td><td>• 3분 정도 방치하여 두피를 문지르며 깨끗하게 헹군다.
• 마지막에 찬물로 헹구어 주면 모공 수축에도 도움이 된다.
• 샴푸 후 두피 주변부터 가볍게 말린다(모발 건조 시 찬바람 이용).
• 모발 정리</td></tr>
<tr><td>5교시</td><td>경혈메뉴얼
테크닉
(20분)</td><td>고객의 우측 45도 선에서 인사와 함께 멘트 후 마사지 동작 시작
• 모델과 시술자의 거리는 25cm 유지
• 관리사 준비동작 → 氣정리 → 경추 스트레칭 → 어깨 메뉴얼 테크닉 → 안면메뉴얼 테크닉 → 귀메뉴얼 테크닉 → 두피메뉴얼 테크닉 → 상박메뉴얼 테크닉 → 기정리 → 마무리
• 모든 시술에 있어 관리사의 유연성, 연결성, 정확한 혈자리 동작을 체크

1. 기정리
• 고객의 뒤에서 배꼽 아래로 양손 10회 정도 문지르기
• 중지 마주하여 손바닥 펴서 눈앞 3초 → 백회 3초 → 가볍게 어깨 쓸어내리기
2. 경추스트레칭
• 고객의 목을 45도 사선으로 좌우 돌려가며 스트레칭
• 한 손은 후두부, 한손은 어깨에 놓고 전후 스트레칭
• 한 손은 앞 헤어라인, 한 손은 네이프라인을 감싼 후 고객를 전후 스트레칭
3. 어깨메뉴얼 테크닉
• 풍지 따라 주무르기
• 예풍혈에서 아문혈까지 마사지
• 승모근 누르기(3등분 왕복 2회)
• 승모근 당기기(엄지를 뒤에 고정한 후 3등분 시술자 쪽으로 당겨준다)
• 쓰다듬기
• 척추 기립근 따라 눌러주기
• 쓰다듬기
• 견갑골라인 눌러주기
• 쓰다듬기</td></tr>
</table>

5교시	경혈메뉴얼 테크닉 (20분)	**4. 안면메뉴얼 테크닉** • 혈정 누르기: 인당 → 추미근 → 사죽공 → 정명 → 승읍 → 거료 → 영양 → 인중 → 승장 → 상염천 → 협거 → 하관 → 상관천 → 관자 **5. 귀메뉴얼 테크닉** • 혈점누르기: 이문 → 청궁 → 청회 → 예풍 • 양쪽 귀 아래부터 위까지 주무르기 • 양쪽 귀 아래, 옆, 위로 당겨주기 • 양손검지로 귀 안쪽 당기기 • 양쪽 귀 좌우측 귀 한쪽씩 접어 막고 두드리기 **6. 두피메뉴얼 테크닉** • 혈점누르기: 신정 → 백회, 아문 → 백회, 두유 • 백회: 독맥(신문~아문) → 방광경(곡차~천주) → 담경(두유~풍지) 따라 엄지 상·하 교차하여 압 주기 • 펀칭마사지 • 각질관리마사지 **7. 상박메뉴얼 테크닉** • 주무르기 • 양쪽 삼각근 앞뒤로 비틀기 • 밀어주기: 수근부 바깥쪽 → 안쪽, 수근부 안쪽 → 바깥쪽 • 컵핑 두드려주기 • 가볍게 쓸어내려주기 • 스트레칭 **8. 기정리**
6교시	앰플(5분)	• 섹셔닝 4등분 나누기(전두 2등분, 후두 2등분) • 0.5~1cm 간격으로 섹션 후 제품도포 • 좌측 전두부 → 좌측 측두부 → 후두부 → 우측 측두부 → 우측 전두부 → 헤어라인

자료제공: 대한두피모발전문가협회(2025)

4. 두피모발관리 전망

두피모발관리 시장은 현대인들의 스트레스나 불규칙적인 생활습관으로 탈모 및 두피건강 문제를 겪은 사람들이 증가하고 있다. 이에 따라 전문적인 관리 서비스를 제공하는 수요가 증가하고 있다.

항노화 뷰티트렌드가 지속되면서 자연친화적이고 전문적인 관리 선호도가 높아짐으로써 미용뿐만 아니라 건강과 직결되는 서비스로 자리 잡아 고객층이 점차 다양화되고 두피모발관리 시장의 규모가 확대될 것이다.

이로 인해 두피전문센터, 개인샵, 미용실분야, 교육강사, 컨설턴트, 제품개발 등 다양한 진출 기회로 기술 및 전문성이 확대될 전망이다.

또한 모발에 관한 전문적인 지식과 숙련된 기술을 가져 2000년대 이후 이미 포화상태와 경기침제로 인한 샵 시장은 새로운 매출 창출에 빠른 변화를 느끼게 될 것이다.

chapter

03

두피모발 생리학

학·습·목·표

- 두피와 모발의 정의와 기능에 관하여 이해하고 설명할 수 있다.
- 모발의 성장주기 및 모발의 구조와 모발의 종류에 관하여 이해하고 설명할 수 있다.
- 모발의 색과 모발의 pH, 모발의 손상도 특성에 관하여 이해하고 설명할 수 있다.

1. 두피 및 모발의 기능

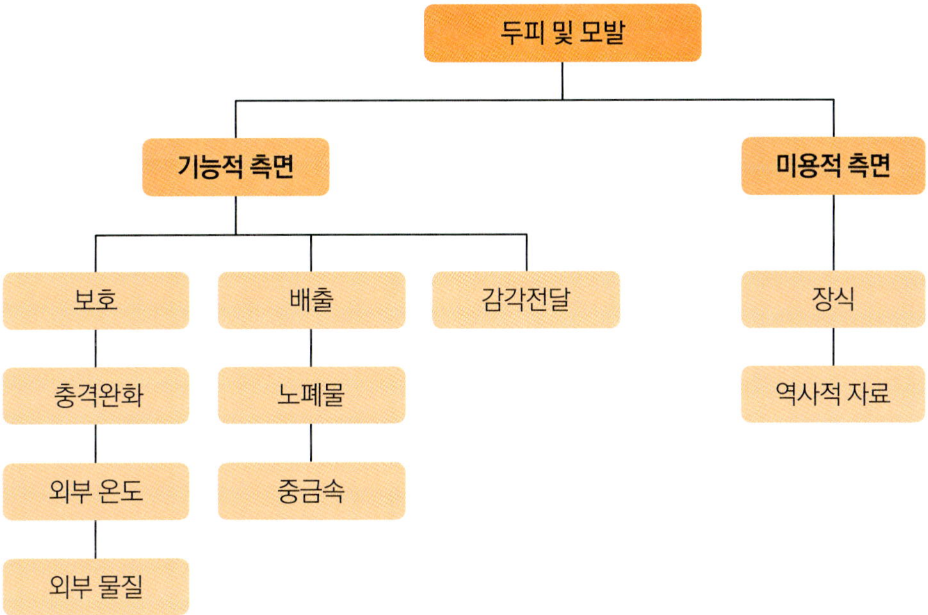

1) 두피의 정의

두피(Scalp)는 머리카락이 자라는 피부부분으로 머리의 바깥층을 덮고 있는 조직을 말한다. 두피는 다른 신체적 부위의 피부와 기본적인 구조는 유사하지만, 외부의 환경적 요소나 신체를 보호하는 기능이 있다.

두피는 모근부와 한선이 잘 발달되어 인체 내의 중금속이나 노폐물, 독소 등을 겉으로 잘 배출하며, 외부적인 공격으로부터 뇌를 보호해 주는 특징을 가지고 있다.

두피조직은 모발의 생성과 뇌를 보호하는 기능에 관여하는 매우 중요한 역할과 함께 화학적 요소에도 민감하게 두드러지는 특징을 가지고 있다.

2) 두피의 주요 기능

(1) 보호의 기능

두피는 모낭을 통해서 머리카락을 생성하고, 뇌를 중심으로 근육, 뼈조직 등을 외부 충격, 피부장벽 역할을 하여 유해한 화학물질이나 오염물질이 침투하는 것을 방지한다.

(2) 체온조절

두피의 혈관 네트워크는 정상화를 위해서 인체의 신진대사기능에 매우 중요한 부분이다. 더울 때는 땀을 배출해 체온을 낮추며, 추울 때는 열을 유지해 36.5도를 유지하는 항상성을 지닌다. 두피의 풍부한 땀샘과 혈관들을 통해서 체온조절과 피지 분비로 수분 손실을 막는다.

(3) 감각기능

두피에는 다양한 신경이 분포하여 외부 자극(압력, 온도, 통증 등)을 감지하고 뇌로 전달한다. 즉, 신경말단이 풍부하여 자극에 대한 신경반응이 매우 빠르게 전달되어, 인체로부터 방어기능이 뛰어나다.

(4) 배설기능

인체는 신진대사기능을 가지고 있어 남은 잔여물을 신장이나 항문, 폐 등 체외로 배출한다. 인체의 일부인 모발은 중금속 등 유해물질을 체외로 배설하는 기능을 한다.

(5) 분비기능

피지선에서 피지분비와 한선에서의 땀분비를 통하여 생성된 피지막은 두피의 세균감염에 대한 방어능력, 살균능력, 보습기능, 비타민D 생성의 기능을 한다.

(6) 호흡기능

피부신진대사 기능에 있어 중요한 부분으로 폐는 호흡에 97% 정도 이루어지지만 피부조직을 통한 외부로부터의 산소 공급은 전체 호흡량의 1~3%를 차지한다.

(7) 흡수기능

두피에 필요한 영양분을 모공에 투입시켜 흡수하는 기능을 한다.

3) 두피의 구조

피부의 세포막이라고 부르며 가장 넓은 조직으로 인체의 내부기관과 외부 환경 사이에서 중요한 완충 역할을 한다.

피부는 여러 생리기능을 가지고 있으며, 피부 표면에는 표피·진피·피하지방층으로 3개로 형성되어 있다.

피부의 부속기관으로는 피지선, 입모근, 모유두, 한선 모발 및 손·발톱으로 이루어져 있다.

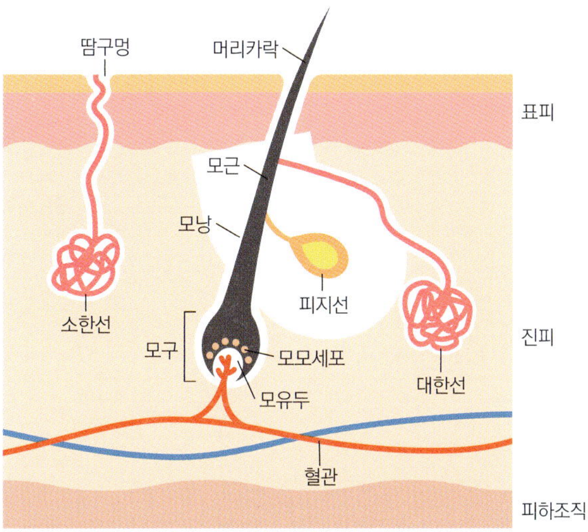

두피의 구조

(1) 표피

피부의 맨 외측에 존재하며, 0.03~1.6mm 정도 부위이며, 가장 얇은 눈꺼풀 0.5 mm, 가장 두터운 손·발바닥은 약 1.6mm이다. 표피에는 혈관이 없으며 자체의 혈류공급이 없다.

표피는 세부적으로 각질층, 투명층, 과립층, 유극층, 기저층으로 구분짓는다.

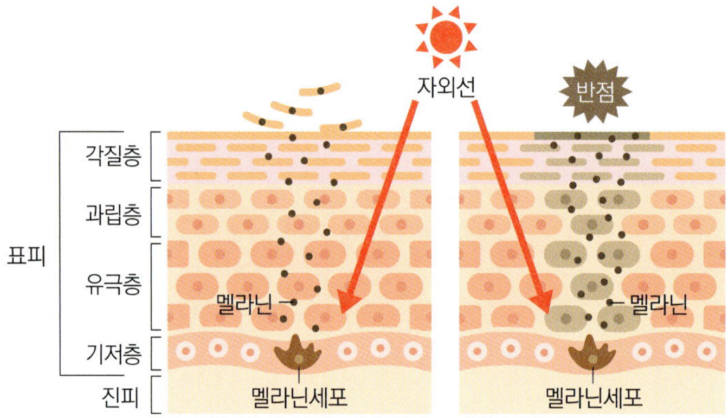

표피의 구조

① 각질층

피부의 가장 바깥쪽에 있는 무핵세포층으로 약 10~20층의 핵이 없는 편평한 세포로 기와모양의 얇은 각질판으로 서로 엇갈려 맞물려져 있다.

죽은 세포와 각화된 피부로 클렌징이나 마사지 등 마찰로 인해 매일 조금씩 자연스럽게 떨어져 나간다.

각질층에서 주요한 천연보습인자(natural moisturizing factor)가 약 31%나 차지하기에 피지막을 형성하고 피부조직을 보호하는 중요한 기능을 가지고 있다.

② 투명층

2~4층으로 구성되며, 각질층의 바로 밑에 위치한다. 밝고 투명한 층으로 손바닥과 발바닥에만 존재하며, 다른 부위에는 존재하지 않는다.

③ 과립층

타원형 형태를 가지고 있으며, 각화가 시작되는 층으로 피부트러블 주 원인층이다. 수분의 침투와 증발을 막아주는 수분증말 저지막을 함유하고 있다.

④ 유극층

5~10층으로 표피 중 가장 두꺼운 층으로 핵이 존재한다. 70% 수분을 함유하고 있기에 표피 전체의 영양을 관장하며, 노화가 진행될수록 얇아진다. 따라서 랑게르한스 세포(Langerhans cell)가 존재하여 피부의 면역기능을 담당하는 곳이다.

⑤ 기저층

표피세포 발생의 근원지이며, 표피의 가장 아래쪽에 위치하여 진피와 접촉한다.

각질형성세포와 색소형성세포가 존재하며, 기저층의 과다 손상은 세포재생이 어려워져 흉터를 만든다.

(2) 진피

피부의 가장 두꺼운 층으로 85~90%를 차지하는 결합조직으로 콜라겐섬유(collagen fiber), 엘라스틴섬유(elastin fiber)로 구성되며, 피부 상태의 탄력성과 신축성을 담당하는 부위이다.

진피층에는 혈관관, 신경관, 림프관, 한선, 피지, 입모근 등이 복잡하게 얽혀 있는 모발의 근원지이기에 모발성장에 큰 영향을 미치므로 아주 중요한 부분이다.

① 유두층

기저층의 맨 아래 진피층 상부에 위치하며, 피부층 가운데 가장 활발하게 활동을 하는 곳으로 모세혈관을 통해 기저세포에 영양과 산소를 공급해준다.

② 망상층

그물모양의 결합조직으로 주름 및 피부노화의 원인을 일으키는 콜라겐과 엘라스틴의 섬유조직으로 구성되어 있다. 콜라겐은 진피의 90%를 차지하며, 세 가닥의 나선구조로 형성하여 몸을 지탱, 결합에 중요한 역할을 한다.

엘라스틴은 피부의 탄력을 결정짓는 곳이며, 기질은 진피 내 섬유성분과 세포 사이를 채우고 노화 시 뮤코다당류의 함량이 저하되어 건조해진다.

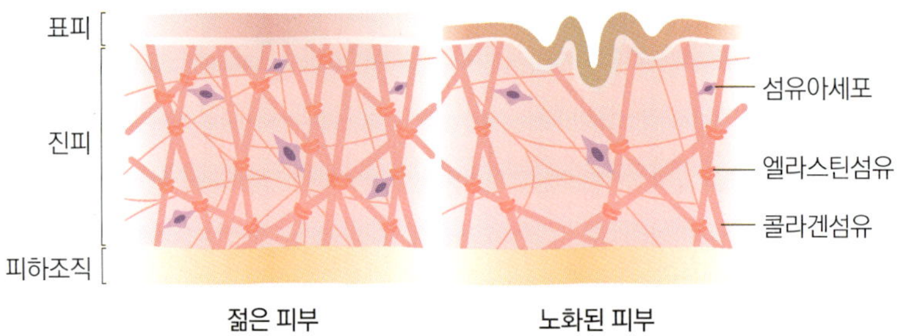

진피의 구조

③ 피하조직

진피와 근육, 뼈 사이에 조직으로 지방을 많이 함유하고 피부의 가장 아래층에 해당된다.

지방을 포함한 지방세포가 있기에 지방을 만들거나 세포 내 저장하는 역할을 한다.

④ 피부부속기관

㉠ 피지선과 피지

피지선은 피지를 분비하는 선으로 중요한 모낭의 입모근 위쪽에 붙어 있다.

㉡ 한선(땀샘)

- 소한선: 에크리선(Eccrine gland)이라고도 하며, 진피의 깊은 곳에 위치하여 실밥을 뭉쳐 놓은 것 같다. 주로 물과 약간의 염분으로 이루어진 땀을 분비하여 피부 표면에서 증발하도록 한다. 땀의 증발은 몸에서 열을 제거하여 체온유지기능과 피부의 건조를 방지한다. 태어날 때부터 입과 입술을 제외한 모든 전신에 분포되어 있으며, 손바닥과 발바닥에 가장 많이 분포되어 있다.
- 대한선: 아포크린선(Apocrine gland)이라도 하며, 소한선보다 크기가 크다. 아포크린선은 단백질과 지방을 포함한 점성이 있는 땀을 분비하기에 피부 표면에 존재하는 박테리아와 반응하여 체취를 형성한다. 귀언저리, 겨드랑이, 음부 등 몸의 일부에만 한정되어 있으며, 소한선보다 농도가 진하기에 독특한 냄새를 유발한다. 또한 정서적 반응으로 주로 감정적 스트레스, 흥분, 공포 등에 땀을 분비한다.

4) 모발의 주요기능

(1) 보호의 기능

전신의 털, 직사광선, 추위, 더위 등 인체를 보호하며, 털의 부위별에 따라 코털, 눈썹, 속눈썹, 귀털 등 이물질과 땀의 유입 등을 막아주는 기능을 한다.

(2) 배출의 기능

인체의 털은 몸 안에 쌓여있는 납, 비소 등 중금속을 간 다음으로 가장 많이 체외로 배출한다. 두발에 존재하는 미네랄 함유량으로 중금속 수치를 파악하여 인체의 건강상태를 파악하는데도 중요한 역할을 한다.

(3) 장식 & 역사적 기능

헤어스타일에 대한 이미지적인 표현과 고전적인 스타일에 따라 신분과 역사적인 자료로도 활용된다.

(4) 감각전달의 기능

모간부위만 볼 때는 감각이 없는 실 같아 보이지만, 모근부 주위에 존재하고 있는 지각신경에 의해 외부로부터의 자극에 우리의 인체가 반응하도록 하는 기능을 지니고 있다.

2. 모발의 구조

1) 모근부(Hair root)의 부속기관

(1) 모낭의 부속기관

- 모근을 감싸는 섬유주머니로 피지선과 입모근이 부착되어 있다.
- 관모양 모근부를 보호하는 자루모양을 하고 있으며, 하나의 모낭에 3개 모발 =밀도(숱) 영향을 준다.
- 몸 전체에 분포하고 있다(손과 발바닥에는 없다).

(2) 모구의 부속기관

- 모근의 아랫부분에 둥글게 부풀려 있는 부분으로 모유두와 맞물려지기 위해 속이 빈 오목모양을 하고 있다.
- 멜라닌세포와 모모세포로 이루어져 있어 모발을 생성한다.

(3) 모유두의 부속기관

- 진피돌기로 모구의 바깥쪽에 위치하며 식물의 뿌리에 해당하는 부위이다.
- 모세혈관과 감각신경에 연결되어 있어 영양공급을 받아 케라틴을 형성하고, 모발을 생장시키는 역할을 한다.
- 기능
  - 영양분 흡수
  - 영양분 전달
  - 영양분 저장
  - 모발 생성신호 전달
  - 모질(毛質) 및 굵기 결정

(4) 모모세포의 부속기관

- 모발의 모체
- 모낭하부의 모유두 부근에 존재하며, 모혈관에 연결되어 있는 모유두를 통해 영양을 공급받아 세포분열에 의해 증식된다. 그 결과 성장에 기인한 압력이 생기며 세포들은 모낭의 방향대로 위쪽으로 밀려 올라가게 됨으로써 성장한다.
- 기능
  - 손상피부의 복구

- 모간부 및 모낭생성
- 모발 색소 결정

(5) 피지선의 부속기관

- 피지를 분비한다.
- 모낭벽과 모발 또는 털을 따라 피부바깥쪽으로 올라와 한선에서 분비된 땀과 함께 피부와 모발표면에 약산성막을 형성한다(천연보습인자의 역할).
- pH4.5~5.5[피지막 pH]를 가지며, 자율신경계의 영향을 받는다.
- 손, 발바닥 제외[두피, 얼굴, 등, 가슴]
- 1일 1~2g 분비한다.
- 세정후 피지 분비 정도
  - 1시간: 20%,
  - 2시간: 40%
  - 3시간: 50%

(6) 색소세포 부속기관

- 모발색을 결정짓는 멜라닌색소를 생성하며, 모모세포층에 주로 분포한다.
- 색소세포가 멈추면 모낭에 있는 모발은 하얀색 색깔이 없다. 회백색을 띤다.

2) 모간부의 부속기관

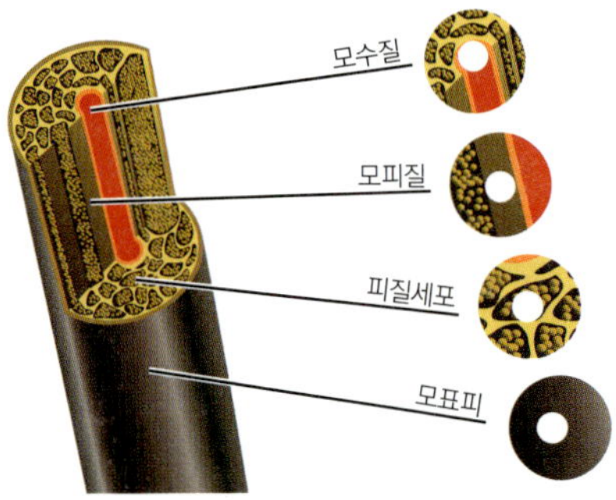

모간부의 구조

(1) 모표피(Cuticle)

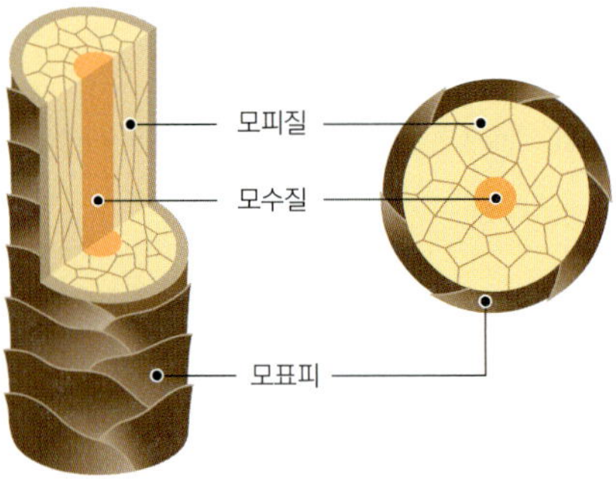

① 특징

- 모발 최외측(화학적 저항성 강함)
- 독특한 문리(편평무핵 세포, 반투명막)
- 평균 5 ~ 15층, 수분 함량 15%
- Epi. Exo. Endo Cuticle

② 구성 형태

- 외부 자극에 대한 1차적 보호 작용
- 친유성[물과 약제에 강함], 화학약품에 강함, 기계적인 자극 약함
  : Cuticle Epi(에피큐티컬)
- 알칼리성 약품에 대해 중간적 성질, 시스텐 함량이 많으나, 펌제에 약함
  : Exo Cuticle(엑소큐티컬)
- 친수성[피질층], 알칼리 약품에 약함
  : Endo Cuticle(엔도큐티컬)

(2) 모피질(Cortex)

① 특징

- 모표피 안쪽에 위치(모발의 85~90%로 차지)
- 모발의 색을 결정하는 과립상의 멜라닌 색소 함유
- CMC간충 물질(퍼머넌트, 헤어컬러링 영향)
- 잦은 염색과 펌 시술로 인해 모발 내부의 간충물질이 소실되어 모발이 손상된 상태

(3) 모수질(Medulla)

① 특징

- 모발 중심부의 공간으로 벌집모양의 세포
- 멜라닌색소 함유
- 모발에 따라 유무: 굵은 모발일수록 많고, 생모, 유아의 경우 없음

3. 모발의 주기(HairCycle)

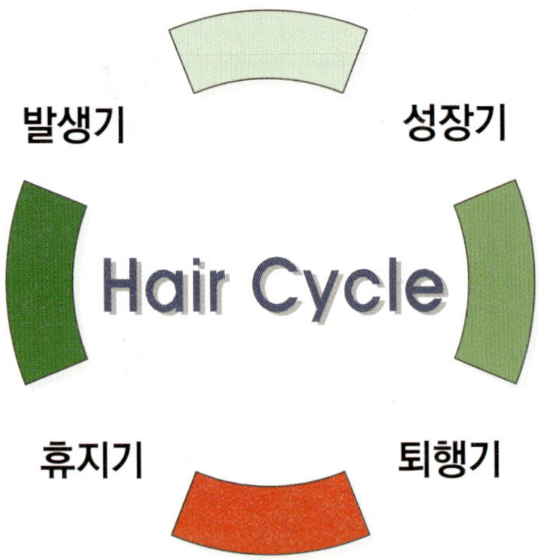

• 모발의 성장 속도

- 평균 100,000~150,000본 정도 분포하며, 하루 0.25mm~0.4mm이다. 수염은 0.27~0.38mm, 겨드랑이털은 0.23mm, 눈썹은 0.18mm 성장
  - ▶ 1달 평균: 1~1.5cm 성장
  - ▶ 1년 평균: 12~16cm 성장
  - ▶ 1일 평균: 50~80가닥의 모발 탈락
  - ▶ 모발이 자라는 것은 각 개인의 영양상태, 신체부위, 인종, 나이, 기온 등에 따라서 정도가 달라지며, 일반적으로 봄과 초여름에 모발성장이 왕성하고 가을이 되면 다량의 모발이 휴지기 상태로 들어가 탈모가 증가된다.

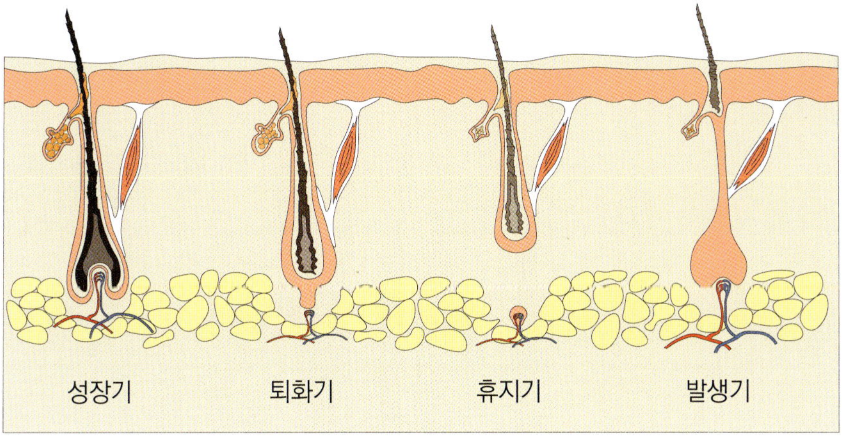

모발의 성장주기 단계

1) 성장기(Anagen)

- 모발의 성장 시기
- 모발성장 단계로 3~7년 지속되며 80~90%가 이 단계에 속한다.
- 모유두가 크며, 모구가 피하지방에까지 이른다.
- 모유두에 접해 있는 모세혈관에서 영양을 공급받아 세포분열을 일으켜 성장하는 단계이며, 모기질 세포의 세포분열이 활발하다.
- 머리카락의 두께, 모양, 재질을 결정하는 모낭의 기초가 형성되며, 모발이 길어진다.

2) 퇴화기(Catagen)

- 모발의 성장이 정지하는 시기
- 모구에서 멜라닌 생성이 정지하는 단계이며, 모기질세포의 세포분열이 차차 감소하다가 결국 정지한다.
- 모근이 점차적으로 유상돌기로부터 분리되며, 약 2주 정도 계속되며, 전체 머리의 1%가 이 단계에 속한다.

3) 휴지기(Telogen)

- 모발의 성장이 완전히 멈춘 시기
- 생장기의 1/2~1/3길이로 모낭이 짧아지며 3~4개월 지속된다.
- 모낭이 줄어들기 시작하고, 유상돌기로부터 완전히 떨어진다.
- 곤봉모양의 모구를 보이며, 새로운 생장기의 모발이 성장함에 따라 밀려 올라와 탈락된다.

4) 발생기(Newanagen)

- 모낭에 둘러싸여 있던 모구부가 모유두와 결합하여 새로운 모발을 성장시킨다.
- 휴지기에 들어간 모발을 밀어내어 자연 탈락시키며, 병, 유전, 체질, 연령 등에 의해 주기에 변화를 가져올 수도 있다.

4. 모발의 종류

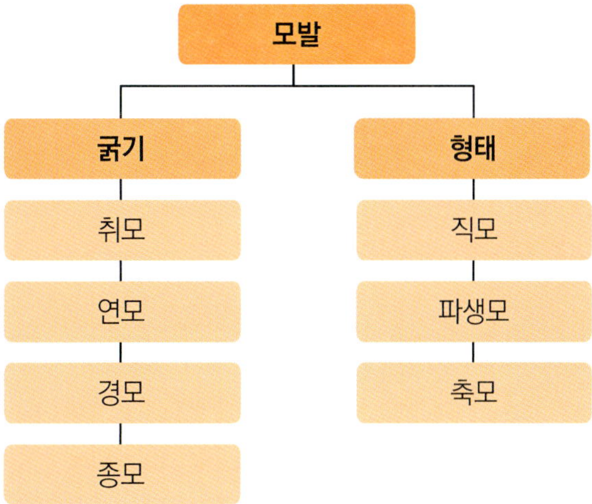

1) 굵기에 따른 모발 분류

(1) 취모

- 태아시기에 형성
- 굵기 약 0.02mm
- Cuticle 미완성
- 임신 8개월차에 연모화

(2) 연모

- 0.08mm 이하
- 탈모진행형 모발

- Medulla 미존재
- 연갈색의 색상
- 사춘기 이전의 모발

(3) 경모

- 0.15~0.20mm 정도
- 호르몬의 영향
- 단단한 단백질 결합
- 30대 이후 점차적인 연모화

(4) 종모

- 연모에서 경모화된 이후의 모발

(5) 직모(straight hair)

- 모모세포간의 동일한 세포 분열
- 원형의 모발 단면
- 인종 및 발생부위에 따른 차이

(6) 파생모(curly hair)

- 유전적 요인
- 직모와 축모의 중간 형태
- 타원형의 모발 단면
- 영구적 변형 단계

(7) 축모(kinky hair)

- 유전적 요인(상염색체 우성)
- 흑인종
- 타원형의 모발 형태
- 모발굵기에 따른 확연한 형태 차이

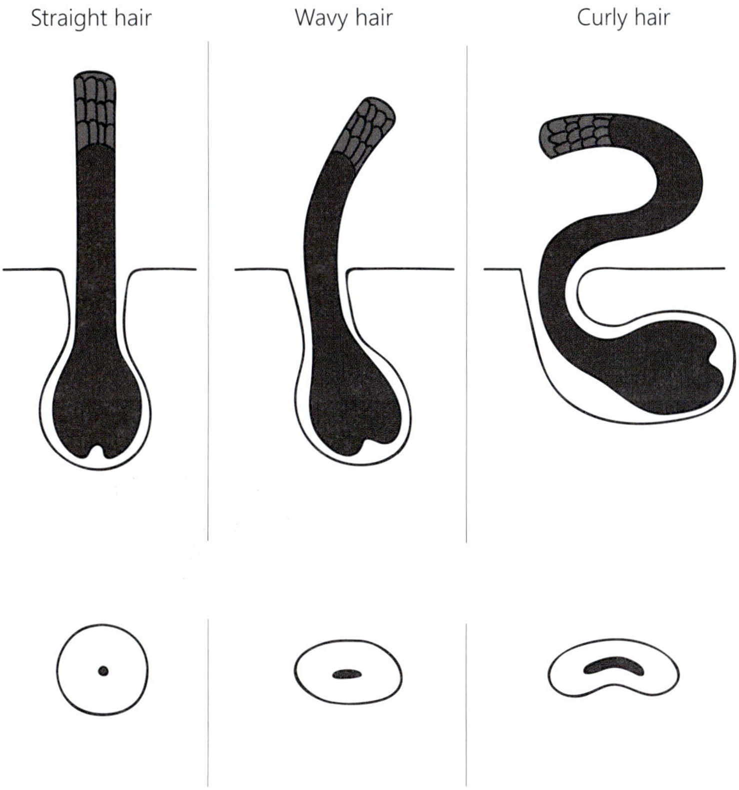

머리카락의 단면

5. 모발의 색

1) 멜라닌(melanin) 색소

- 2 종 - Eumelanin (흑갈색계) / Pheomelanin (황적색계)으로 두 멜라닌 색소의 수와 크기에 따라 모발색이 결정한다.
- 멜라닌세포에서 아미노산의 일종인 티로신(tyrosine)의 산화, 중합과정을 거쳐 형성하며, 형성된 멜라닌 과립은 타원형으로 모피질세포로 이동된 후, 모발의 성장과 함께 상부로 이동된다.
- 백발은 멜라닌세포에서 멜라닌색소의 형성이 정지되기 때문에 발생하는 일종의 노화현상이 나타난다.

(1) Eumelanin(유멜라닌)

- 흑색에서 적갈색까지의 모발의 어두운 색을 결정한다.
- 주로 동양인에게 많다.
- 갈색, 검은색
- 입자가 비교적 크다(입자형 멜라닌).
- 쌀알 모양

(2) Pheomelanin(페오멜라닌)

- 적색에서 노랑색까지 모발의 밝은 색을 결정한다.
- 주로 서양인에게 많다.
- 입자가 매우 작다(분사형 멜라닌).
- 타원형의 구형 모양

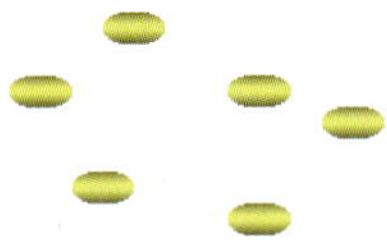

6. 모발 손상 단계

1) 모발과 pH

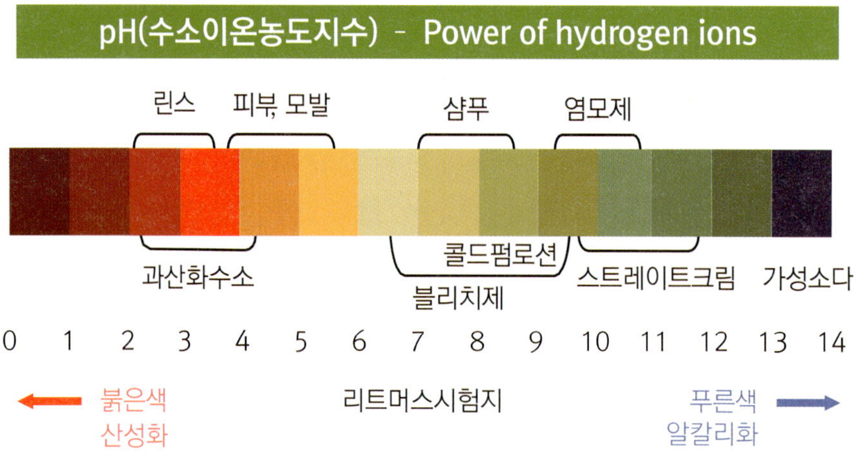

2) 모발 손상의 원인

- 생리적 요인: 유전, 스트레스로 인한 자율신경계 장애, 내분비 장애
- 수분과 영양공급 부족, 호르몬, 모유두 기능 정지 쇠퇴
- 화학적 요인: 펌, 염·탈색, 각종 스타일링제
- 물리적 요인: 아이론, 블로우 드라이, 세팅, 마찰
- 환경적 요인: 일광, 대기오염, 해수, 건조

3) 모발 손상 단계

(1) 정상모발

모발이 외부로부터 큐티클층이 일정하며, 윤기가 많이 난다.

(2) 퍼머손상모발

화학적인 퍼머로 인해 시스틴 함량 저하, 케라틴 구조가 약화되고 모발의 탄력성이 떨어진 상태이다.

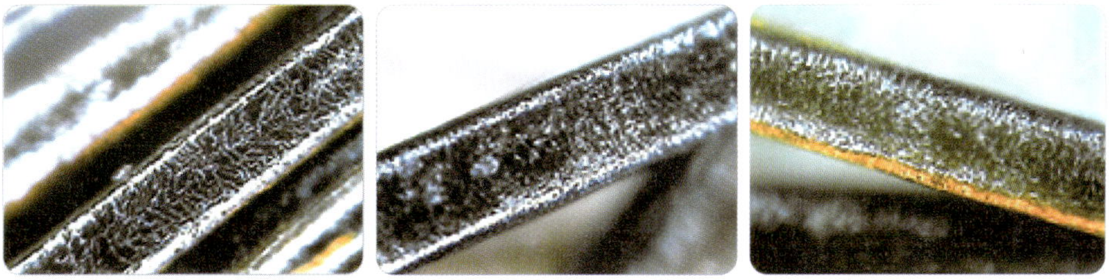

(3) 염색손상모발

화학적인 염색으로 인해 간충물질의 유실에 의한 다공성 모발의 현상이 보이며, 단백질의 소실이 심해져 모발 결합력이 약해진다.

(4) 열손상모발

드라이, 열기구 사용에 의해서 일어나는 현상이며, 케라틴 단백질의 변성으로 모발이 건조하며 모발손상이 더 쉽게 일어난다.

4) 두피모발 타입별 분류

(1) 정상두피

두피 전체가 깨끗하고 촉촉하며, 우윳빛으로 투명하다. 한 개의 모공에 2~3개의 모발이 자리 잡고 있으며 윤기가 난다.

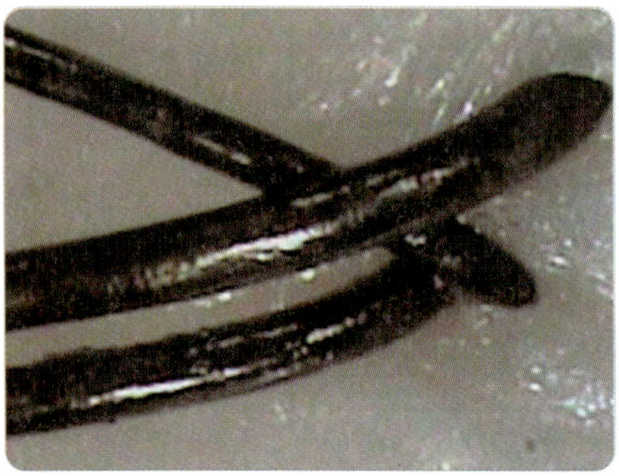
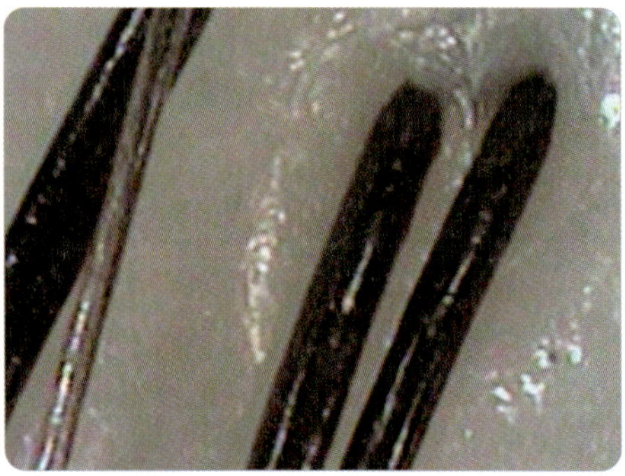

(2) 건성두피

두피 표면이 각화된 표피가 제때에 떨어지지 못해 모공이 막혀 각질이 쌓여있으며, 두피가 가렵고 예민성두피로 변하기 쉽다.

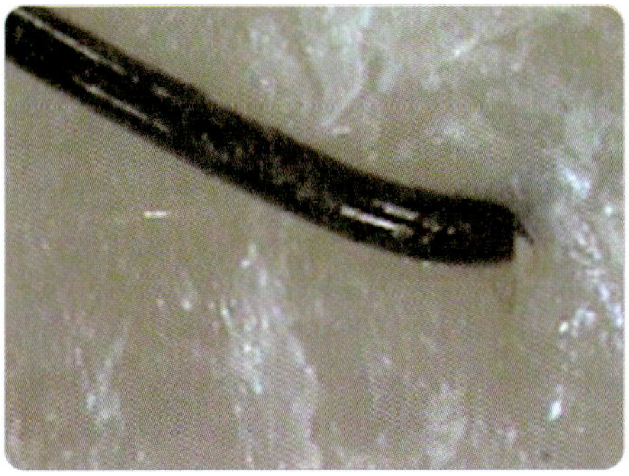

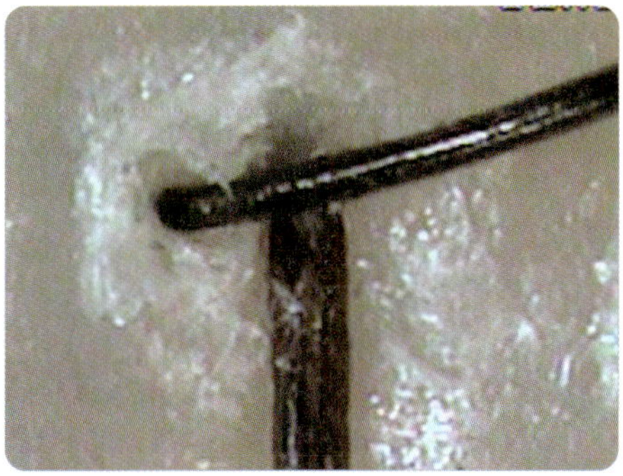

(3) 지성두피

과다한 피지로 물이 고인 듯 보이며, 정상두피와 달리 투명감이 없이 둔탁하다.

모발에 끈적임이 있어 힘없이 가라앉으며, 과다한 피지분비로 인해 두피의 호흡이 원활하지 못하며, 모공이 막힐 수 있다.

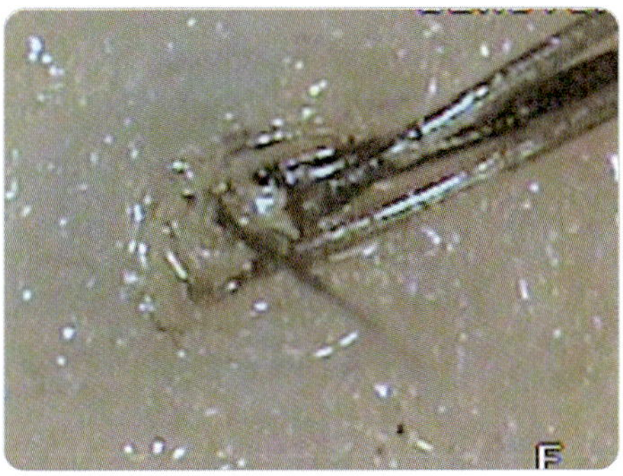

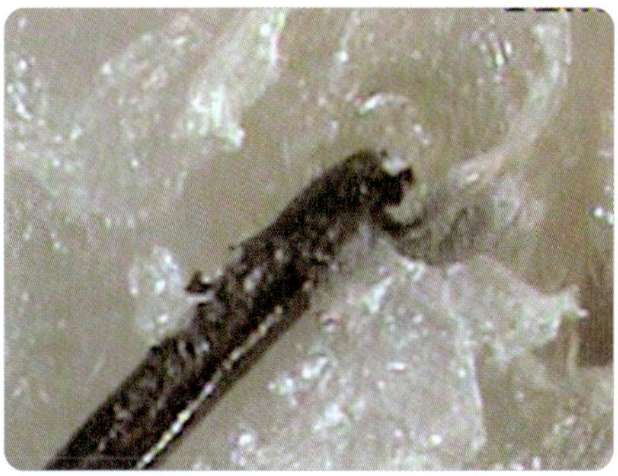

(4) 민감성두피

두피 표면에 붉은색 홍반이 드러나고 모세혈관이 가느다란 핏줄들로 육안으로 확인된다. 모세혈관이 확장되어 있어 외부로부터의 자극과 따까움, 발열현상에 매우 민감하다.

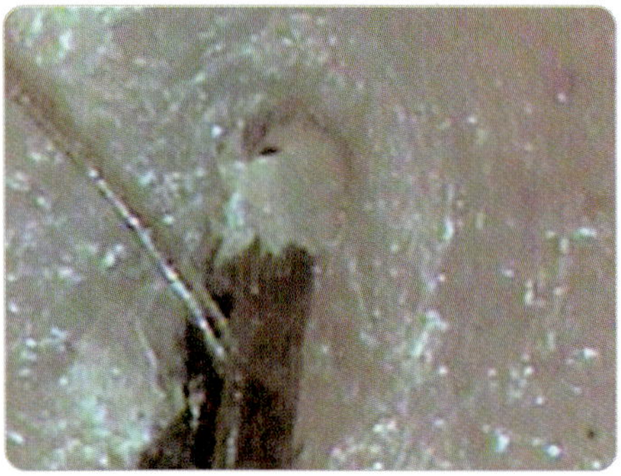

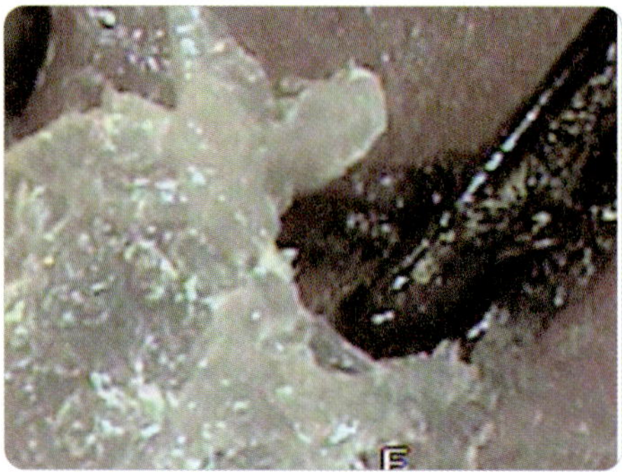

(5) 탈모두피

모발의 굵기가 가늘어 보이며, 힘이 없다.

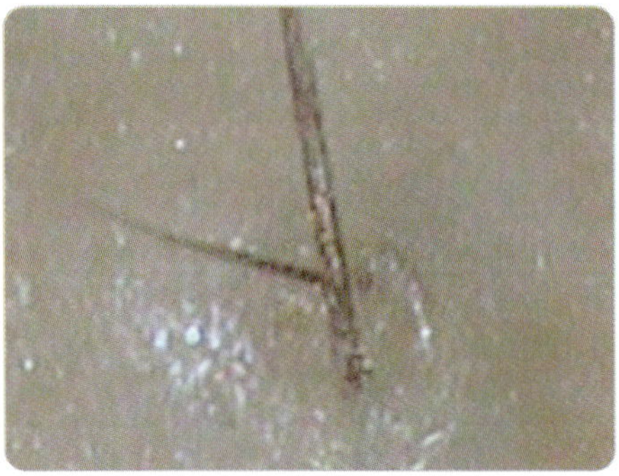

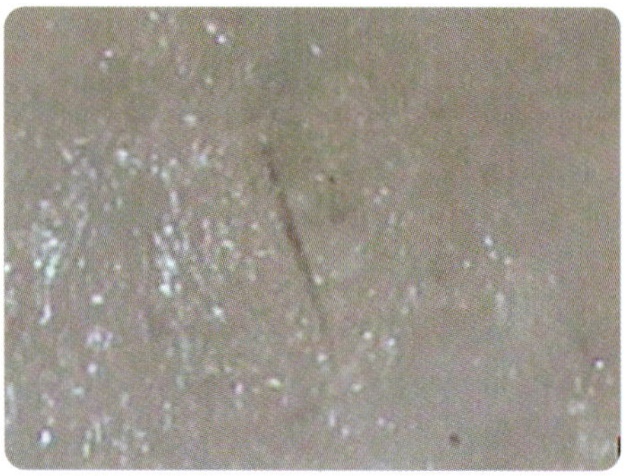

5) 두피타입별 모유두

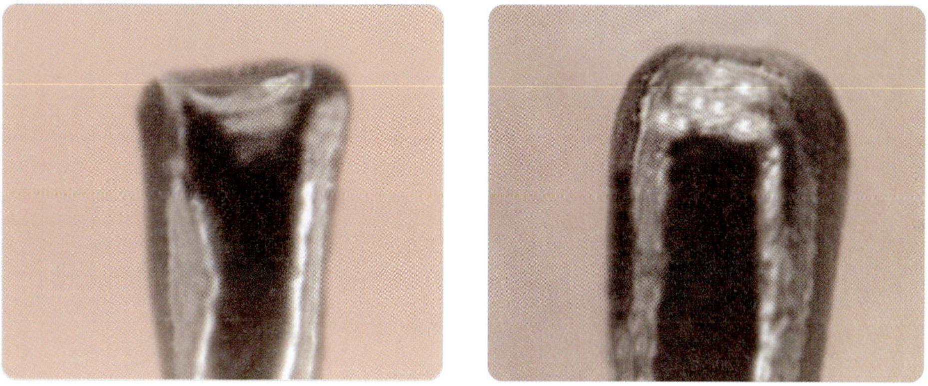

건강한 두피 모유두

비강성(비듬)두피 모유두

신경성(탈모)두피 모유두

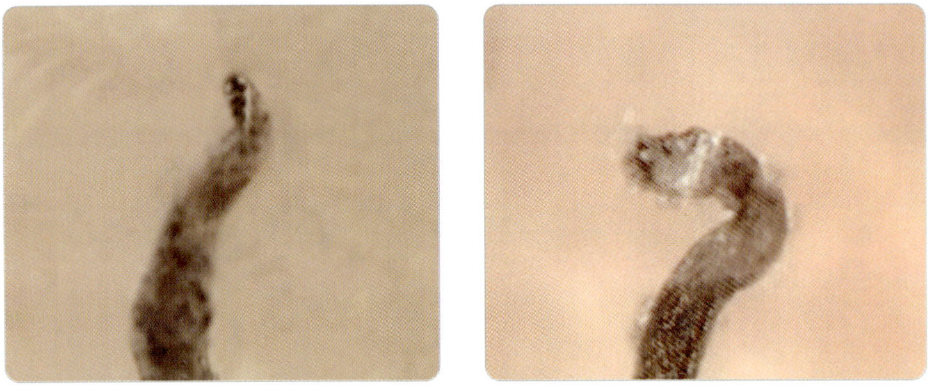

예민성두피 모유두

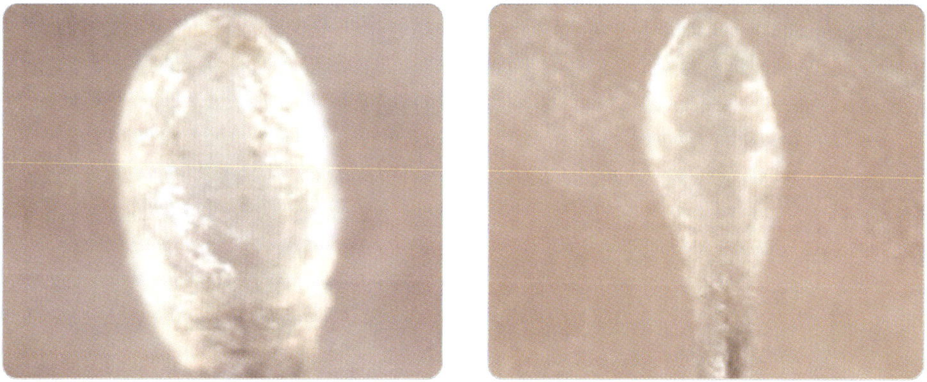

정상(탈모)두피 모유두

지성두피 모유두

출처 :(주) 뷰티피아

chapter

04

두피모발 타입별 분류 및 관리

학·습·목·표

- 두피모발 타입별 식별방법과 원인을 알고, 유형별 판독과 관리실무에 적용할 수 있다.
- 문제성 두피모발을 진단하고 관리실무에 적용할 수 있다.

1. 두피모발 타입별 분류 및 관리

1) 정상 두피

두피의 모든 생리작용이 정상적인 두피이다.

자료제공: ㈜뷰티피아

(1) 두피상태식별방법

- 두피 톤: 청백색, 투명
- 모공 상태: 선명한 모공(열린상태)
- 모발 굵기: 약 0.15mm
- 모공 간격: 150본/1㎠
- 수분 함량: 약 15% 내외
- 노화 각질: 거의 없음
- 피지 분비:정체된 부위 없음
- 한선: 소한선 부분적 확인
- 두피 산도: 정상 pH5.5 내외 유지

(2) 관리법

- 현재의 건강한 상태를 유지하는 것에 중점을 두어 관리한다.
- 각질 없이 깨끗한 상태를 유지하기 위해 한 달에 1~2회 스케일링

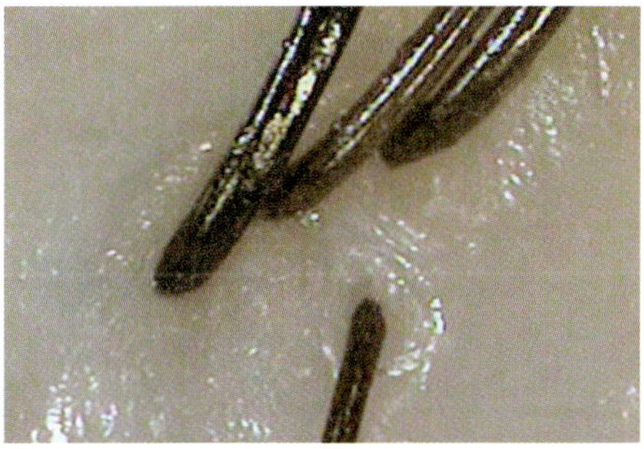

자료제공: ㈜뷰티피아

- 샴푸: 아침시간 〈 저녁시간
- 샴푸 후에는 두피에 남아있는 수분을 완전히 말린 후 잠자리에 드는 것이 좋다.
- 균형 있는 영양공급
- 어깨 근육의 스트레스를 풀어 혈액순환 촉진

2) 건성두피

두피 표면의 피지량과 소화기 등의 밸런스가 유지되지 못해 유수분이 제거되거나 증발해 건조한 상태로 윤기가 없고 각질이 쌓여 있다.

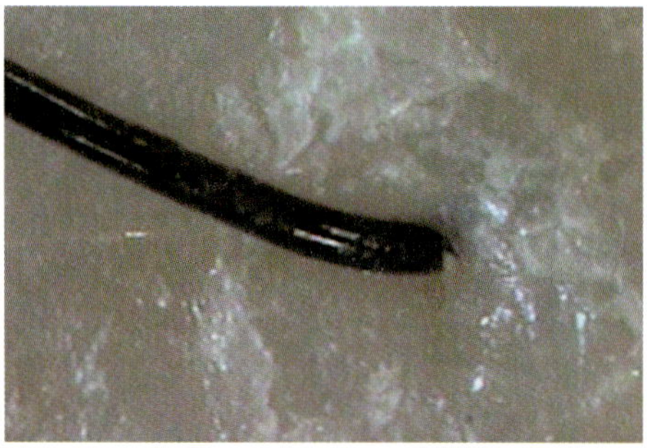

자료제공: ㈜뷰티피아

(1) 두피 상태 식별 방법

- 두피 톤: 백색, 연붉은 불투명
- 모공 상태: 다수 막힘 현상
- 윤곽선: 불분명
- 각질 상태: 갈라터지는 현상
- 모발 상태: 탄력 저하, 건조
- 수분 함량: 각질층 10% 미만
- 당김 현상: 심함
- 피지 분비량: 낮음

(2) 원인

- 화학적 시술 및 약품
- 영양결핍: Vit A. F. 단백질 결핍
- 연령, 기후, 난방
- 스트레스
- 잘못된 시술: 드라이, 샴푸
- 과다한 두피 스케일링 및 세정
- 호르몬 밸런스 이상
- 높은 pH 밸런스 이상 확률

(3) 관리방법

- 건조에 의해 생기는 각질제거와 모공의 세척
- 혈행을 촉진하는 관리와 영양공급
- 보습성이 함유된 제품 사용(건성두피용 샴푸를 사용)
- 지나친 드라이 사용을 피하여 두피만 살짝 말리고 자연스럽게 건조될 수 있도록 한다.
- 유·수분 공급으로 각질 세포 진정

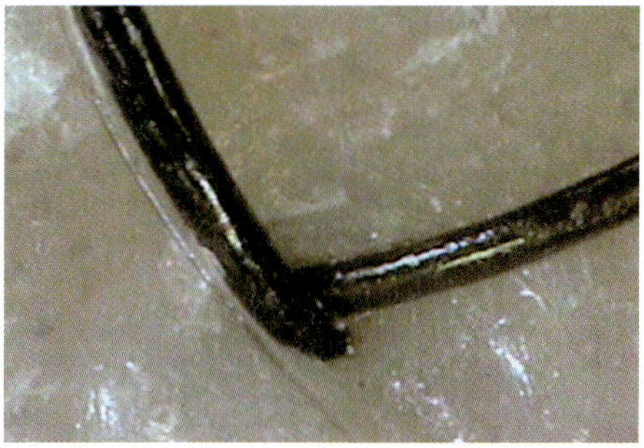

자료제공: ㈜뷰티피아

3) 지성두피

과다한 피지로 인해 모공에 물이 고여 있는 것처럼 보이며, 둔탁한 상태이다.

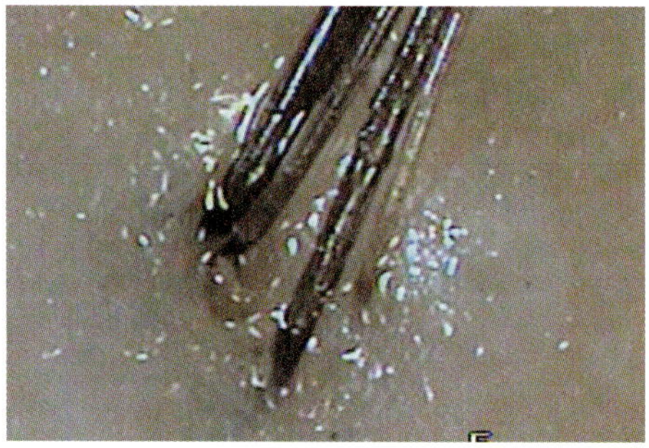

자료제공: ㈜뷰티피아

(1) 두피상태 식별 방법

- 두피 톤: 얼룩현상, 황색
- 모공 상태: 다수 막힘
- 모발 탄력도: 낮음
- 피지 분비량: 높음
- 수분 함량: 20% 내외
- 노화 각질: 존재 확률 높음
- 예민도: 높음(진균의 작용)
- 모발 밀도: 낮음(연모 확률 높음)
- 가려움, 염증, 악취: 높음

(2) 원인

- 호르몬 밸런스 이상: 황체[월경], 남성호르몬 등
- 식생활 및 스트레스: 당분, 동물성 지방의 섭취
- 신진대사 이상
- 두피 불청결/불규칙적인 세정
- 비타민 & 미네랄 결핍 및 불균형 낮은 관리의 효과
- 연령 및 호르몬과 깊은 관련: 주로 젊은층에서 발생

(3) 관리 방법

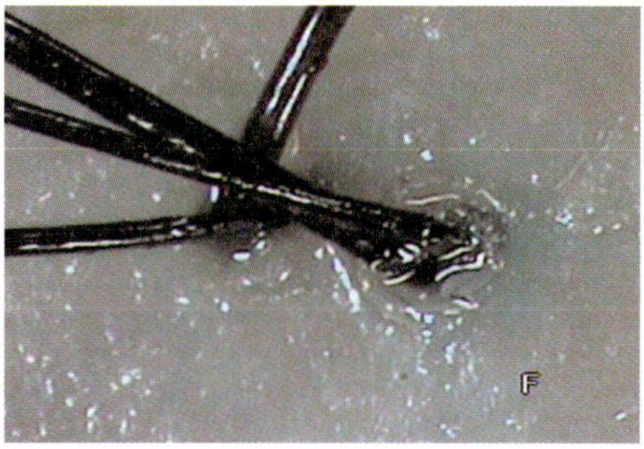

자료제공: ㈜뷰티피아

- 두피세정과 피지조절에 초점을 맞춤 관리
- 모공과 두피에 생긴 피지와 각질 스케일링
- 모공주위의 피지와 비듬을 제거할 수 있도록 모공에 깔끔한 샴푸 세척
- 청결한 두피에 영양을 공급하여 유·수분 밸런스가 깨지지 않도록 유지

4) 민감성 두피

붉은색을 띠며 표면에 홍반 및 염증 또는 가느다란 실핏줄이 육안으로 확인되며, 모발이 매우 가늘어져 있다.

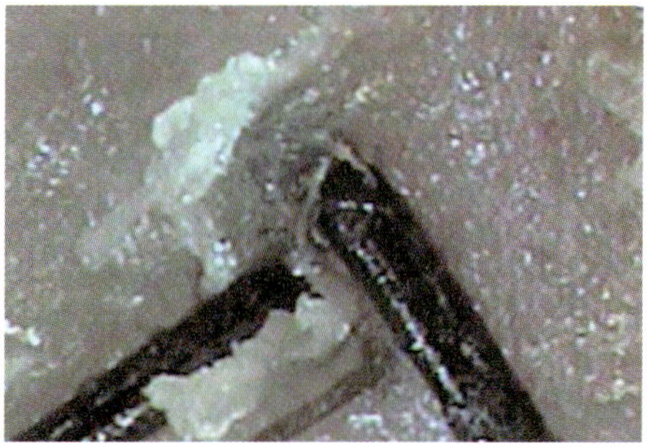

자료제공: ㈜뷰티피아

(1) 두피상태 식별 방법

- 두피 톤: 연한 붉은톤
- 모발 탄력도: 낮음
- 세균에 대한 저항력: 약함
- 예민도: 높음
- 모발 밀도: 굵기적 밀도 낮음
- 가려움·염증·홍반: 심함
- 각질 정도: 얇은층 구성

• 모세혈관: 육안으로 쉽게 확인

(2) 원인

• 화학약품에 대한 노출
• 물리적 자극
• 지나친 스케일링 관리
• 수면부족 및 신진대사 이상
• 호르몬 밸런스 이상
• 세균 감염(두피 불청결 원인)
• 피부 질환
• 영양 불균형
• 환경적 요인의 작용 큼
• 관리제품의 잘못된 선택 사용

(3) 관리 방법

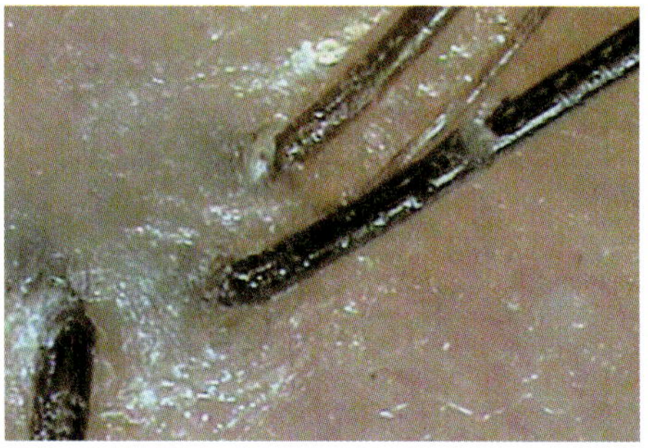
자료제공: ㈜뷰티피아

• 두피를 진정시킬 수 있는 제품을 사용한다.
• 펌·염색 시 두피를 자극하지 않는다. (심한 마사지는 삼가한다)
• 신체적 리듬이나 균형을 잃지 않도록 한다.
• 특히 후두부 혈관성(모세혈관확장) 두피는 노폐물과 독소를 빼주어야 하므로 림프절 마사지를 해주어야 한다.

5) 비듬성 두피

비듬균의 이상 증식으로 비정상적인 비듬이 쌓여 가려움증을 동반한다.

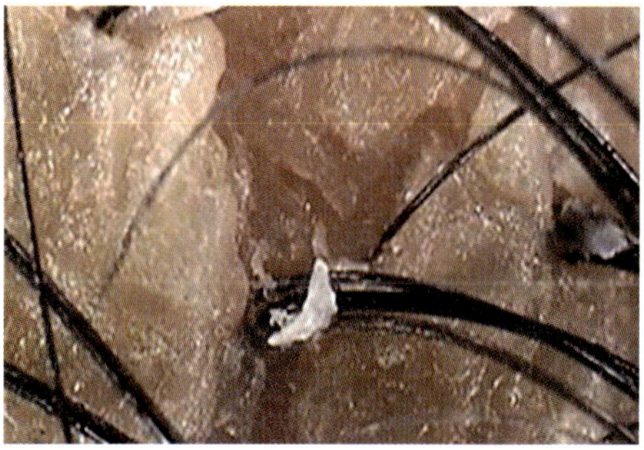

자료제공: ㈜뷰티피아

(1) 두피상태 식별 방법

- 두피 톤: 황색 톤, 불투명
- 모공 상태: 막힘
- 모발 탄력도: 낮음
- 피지 분비량: 많음
- 수분 함량: 20% 내외
- 노화 각질: 두껍게 존재
- 예민도: 부분적인 예민화
- 모발 밀도: 불규칙적임
- 가려움, 염증, 악취: 심함

(2) 원인

- 주원인: 말라세시아균의 이상 증식
- 보조 원인
  - 호르몬 밸런스 이상
  - 영양 불균형
  - 두피 불청결
  - 과다한 피지 산화
  - 스트레스

(3) 관리방법

- 두피청결이 중요
- 비듬전용두피 제품을 사용하여 영양을 공급하고, 혈액순환 촉진을 위해 두피마사지 병행
- 머리를 잘감지 않거나 샴푸할 때 잘 헹궈내지 않을 경우
- 과도한 드라이

자료제공: ㈜뷰티피아

6) 지성비듬성 두피

남성호르몬에 영향을 받아 지성비듬 형성, 각질 조각이 엉켜 누렇고 끈적끈적하고 입자가 크다. 땀과 먼지 등이 잘 달라 붙는다.

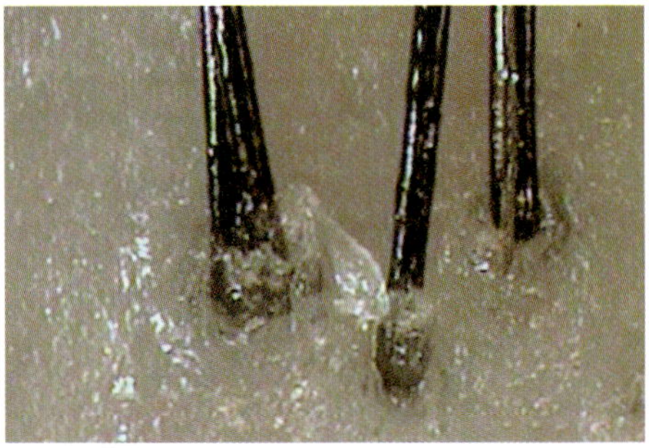

자료제공: ㈜뷰티피아

(1) 두피상태 식별 방법

- 두피 톤: 황색 톤, 불투명
- 두터운 각질층 형성
- 심한 악취 및 끈적임 동반
- 피지 분비량: 많음
- 염증 및 가려움 현상

(2) 원인

- 주원인: 말라세시아균
- 보조원인
  - 호르몬 밸런스 이상
  - 유전적 요인
  - 식생활 이상
  - VitB군, 동물성지방
  - 스트레스, 신진대사 이상
  - 두피 불청결

(3) 관리 방법

- 과도한 피지가 원인인 만큼 살균과 청결 유지

7) 건성 비듬성 두피

두피가 건조해서 직은 비늘 형태를 띄며, 심함 가려움을 동반하고 눈가루처럼 떨어진다.

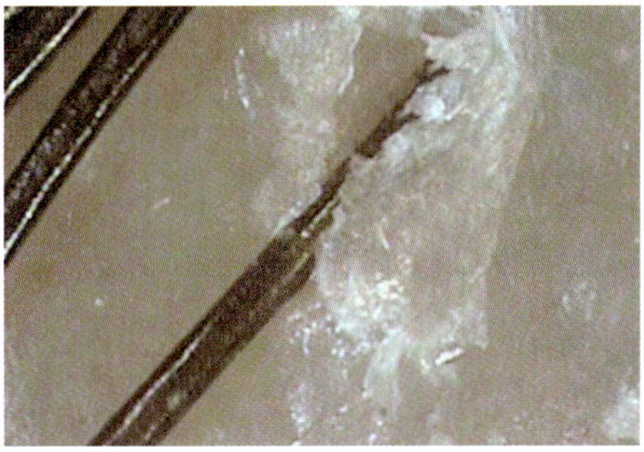

자료제공: ㈜뷰티피아

(1) 두피 상태 식별방법

- 두피 톤 : 백색 톤, 모공 주변
- 모공상태 : 막힘
- 모발 탄력도 : 점차적 감소
- 피지 분비량 : 적음

- 수분함량: 10% 미만
- 노화각질: 모공 주변 분포: 모공 주변, 각질 들뜸 현상
- 예민도: 부분적 염증, 예민화
- 모발밀도: 불규칙, 연모화
- 가려움, 당김 심함
- 40대 이후에서 자주 발생

(2) 원 인

- 주원인: 비듬균의 이상 증식
- 보조원인
  - 호르몬 분비 이상
  - Vit A 결핍 및 영양 불균형
  - 난방, 기온, 계절, 잘못된 화학시술, 세정제 선택 등
  - 두피 불청결

8) 혼합형 비듬성 두피

기본적으로 규칙적이지 못한 생활습관으로 두피의 혼합적 특징이 있는 상태이다.

자료제공: ㈜뷰티피아

(1) 두피 상태 식별방법

- 표면: 건성 비듬의 성향
- 내측 : 지성 비듬의 성향
- 수분함량 : 10% 미만

- 두터운 각질층 형성
- 외부적 요인에 의한 영향력: 피지 분비력 및 수분 증발력 높음
- 산화물의 산화 정도 오래됨
- 장기 관리가 필요
- 심각한 경우 피부질환 가능성
- 진물 및 염증확률 높음

(2) 원 인

- 기본적으로 규칙적이지 못한 생활습관(수면, 근무, 주변 환경, 식습관, Diet, 스트레스 등) 에 의한 두피의 지엽적 특징이 혼합되어 있는 상태
- 외부 환경에 의한 수분의 과다 증발
- 스타일링제의 잘못된 사용
- 잦은 드라이 및 잘못된 헤어 시술

9) 탈모 두피

모발의 연모화나 비이상적인 탈모현상 진행 상태이다.

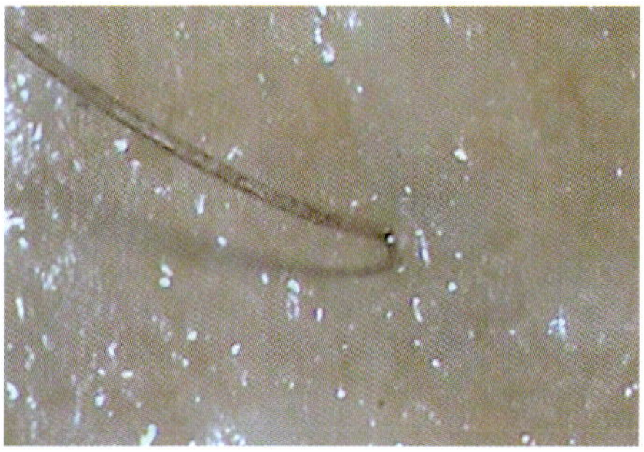

자료제공: ㈜뷰티피아

(1) 두피 상태 식별방법

- 두피 톤: 얼룩현상 심함
- 모공 상태: 다수 막힘
- 모발: 탄력도 현저히 약함
- 피지 분비량: 높은 편

- 예민도: 높음
- 모발밀도: 낮음
- 모발굵기: 가는 편(진행부위 0.08mm 이하– 연모화)
- 정수리 및 두정부에서 주로 발생, 대부분 서서히 진행됨

(2) 원 인

- 유전, DHT, 나이
- 호르몬 밸런스 이상
- 스트레스, 혈액순환 장애
- 영양 불균형 및 피부질환
- 노화, 내장기관 이상
- 자가 면역 체계 이상
- 피부질환 및 피부 손상
- 질병 및 약물 과다 복용
- 두피 불청결 및 화학시술
- 제품의 잘못된 선택

(3) 관리방법

- 저자극 전용 샴푸를 사용한다.
- 두피를 마사지해 노폐물의 배출을 돕는다.
- 드라이어 사용은 피하고 머리를 말릴 때는 자연 바람을 이용해 말린다.
- 빗은 폭이 넓고 끝이 부드러우며

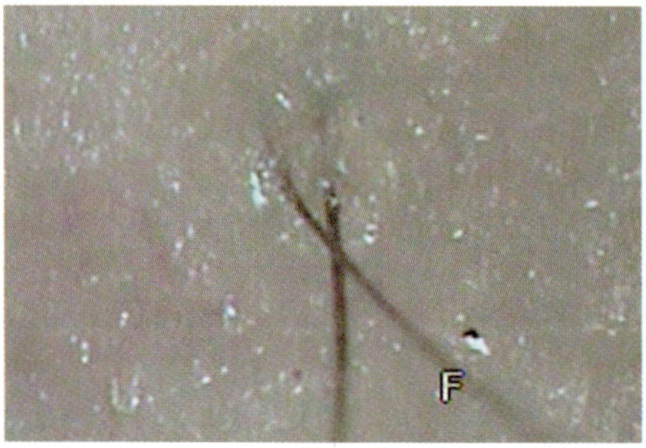

자료제공: ㈜뷰티피아

정전기가 생기지 않는 것을 고르고 머릿결 방향대로 부드럽게 빗질한다.

- 국수나 커피, 백설탕, 땅콩, 튀김, 콜라, 담배 등은 탈모를 유발하는 식품이므로 피한다.

10) 두 가지 유형의 탈모

모발의 연모화나 비이상적인 탈모 현상 진행 상태이다.

(1) 반응성 탈모

이런 유형의 탈모를 겪고 있는 사람들은 이렇게 말한다.

"모발이 한 움큼씩 빠져요…"
"욕조에, 빗에, 옷깃에 그리고 베개 온 천지에 머리카락이 널려 있어요…"

- 내부적인 요인들
  - 스트레스, 감정적 요인들
  - 피로함, 불균형한 식생활
  - 임신
  - 수술영양적 요인
  - 혈관성 요인

(2) 진행성 탈모

이런 유형의 탈모를 겪고있는 사람들은 이렇게 말한다.

"예전보다 머리숱이 줄어든 느낌이고, 볼륨도 없어진 느낌입니다…"

"머리를 묶을 때, 머리핀이 '슬슬 빠져나가요'…"

"남들이 모발 사이에 두피가 훤히 보인다고 합니다…"

- 내부적인 요인들
  - 유전
  - 호르몬 불균형 요인(피지생성 증가)
  - 혈관성 요인(모유두의 혈관망 분포 결핍, 영양성분 전달 감소, 모발성장의 변형(탈모)

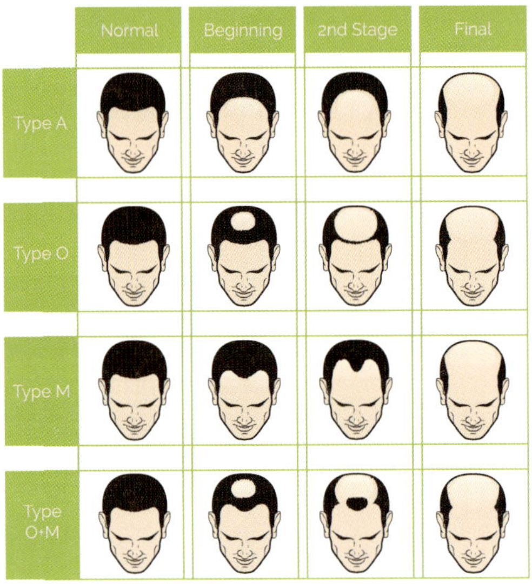

유형별 탈모 단계

11) 실제 두피관리 전후 사진

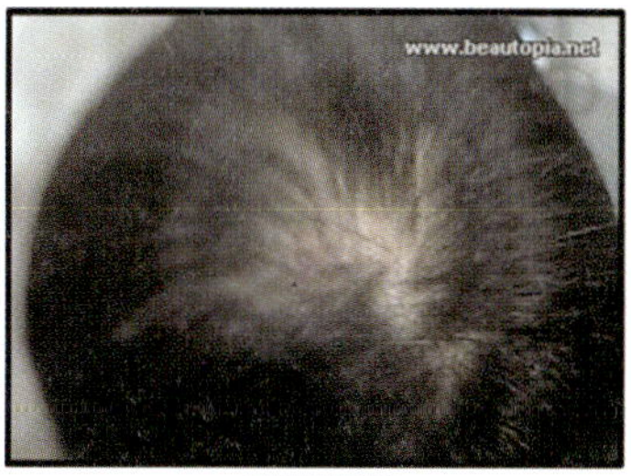

관리 전

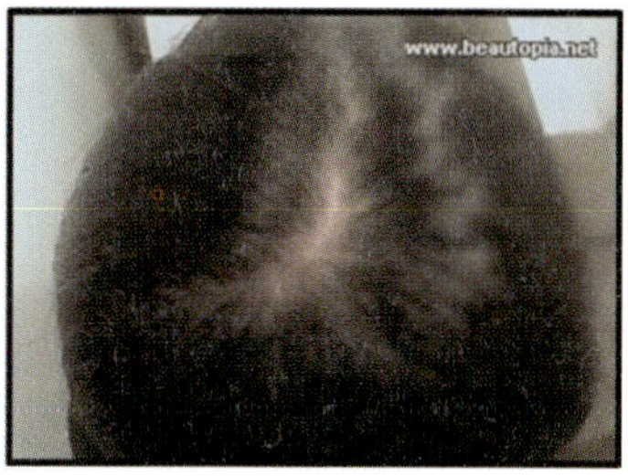

3, 4개월 관리 후

관리 전

3, 4개월 관리 후

건성비듬(40세/여)

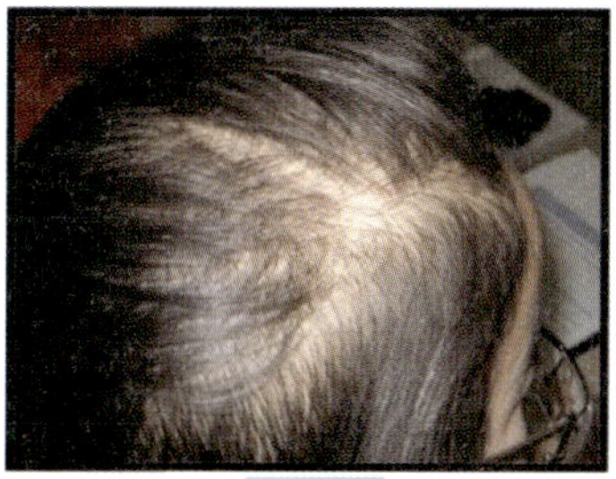
관리 전

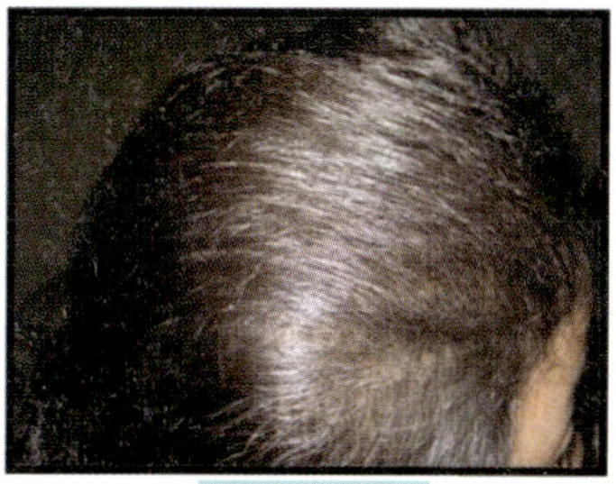
관리 3개월 후

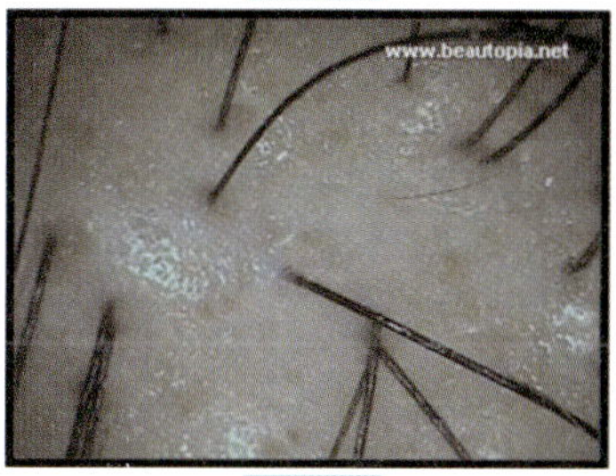

관리 전

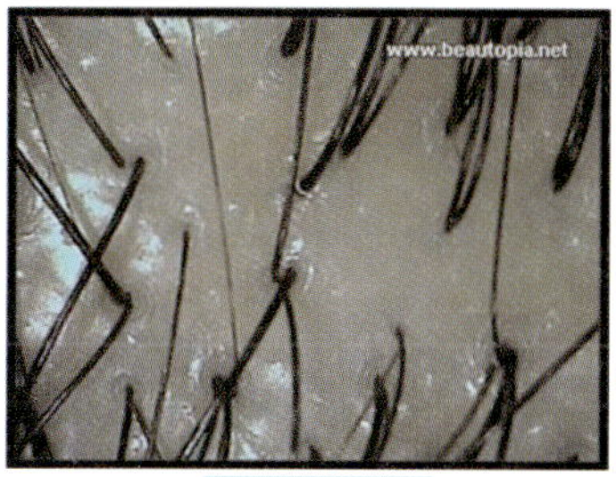

관리 3개월 후

지성&노화(42세/여)

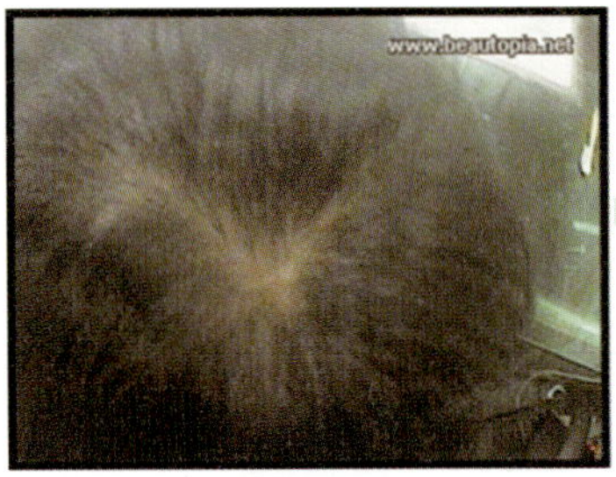

관리 전

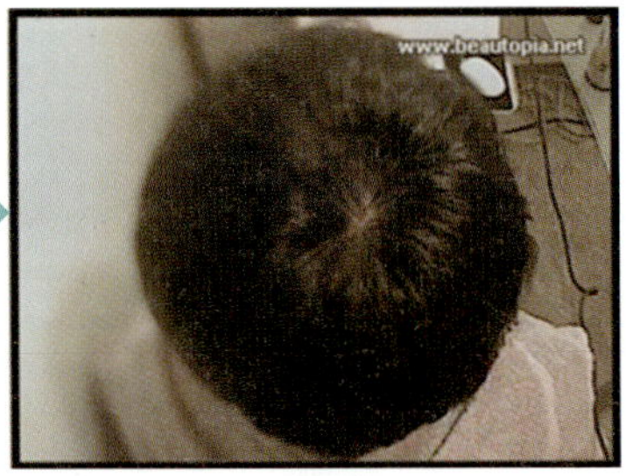

관리 후

지성&민감(30세/남)

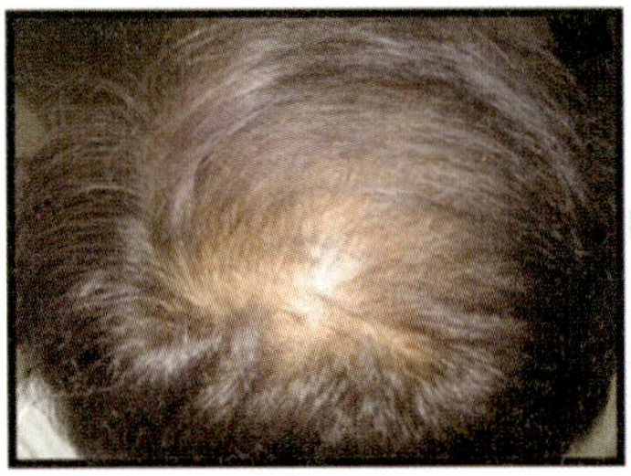

관리 전

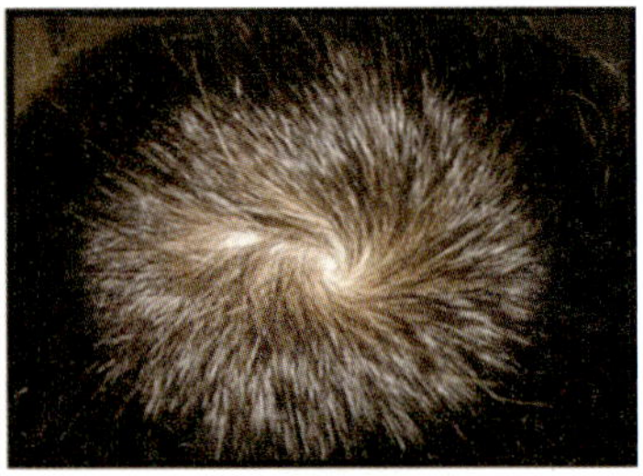

3개월 관리 후

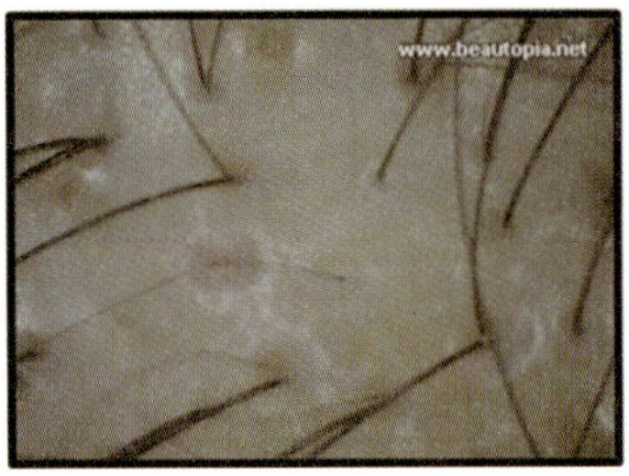

관리전

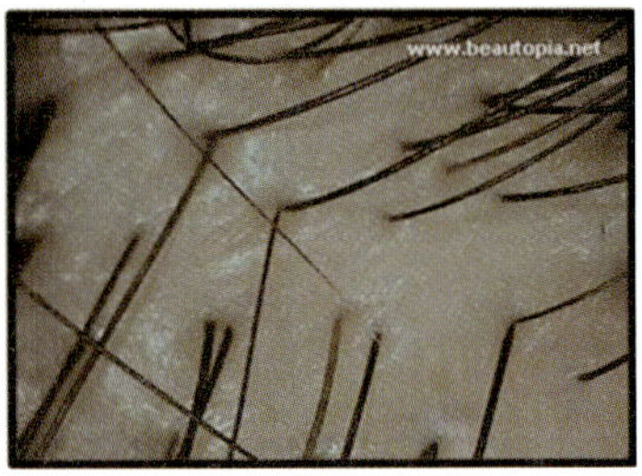

3개월 관리 후

지성&민감(38세/남)

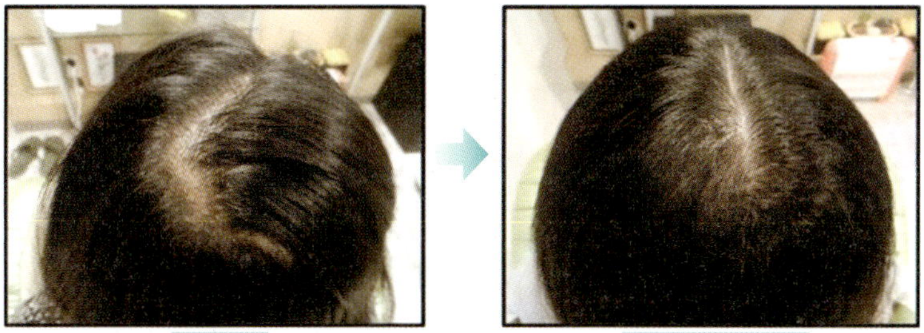

관리 전　　3, 5개월 관리 후

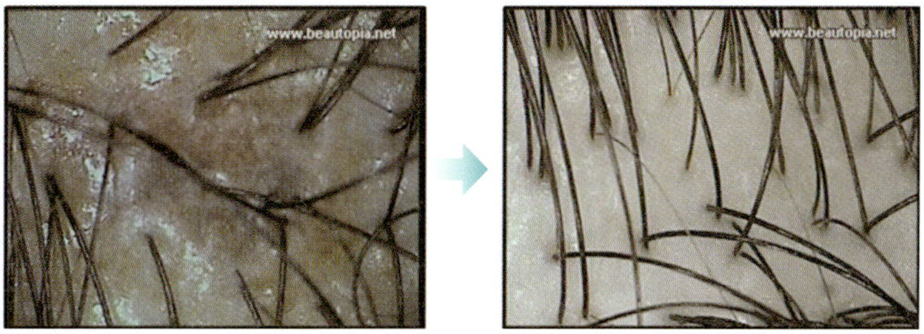

관리 전　　3, 5개월 관리 후

지성&민감(44세/여)

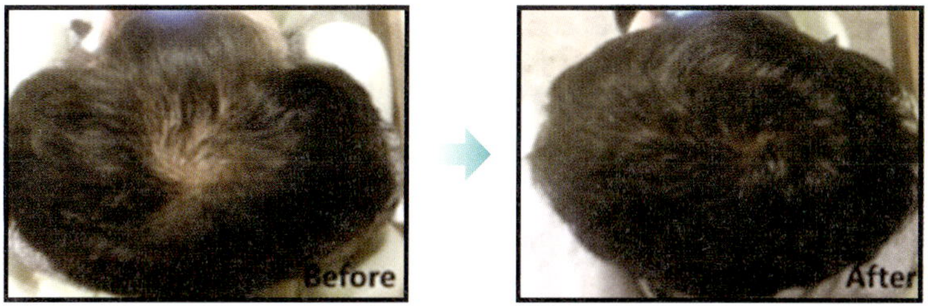

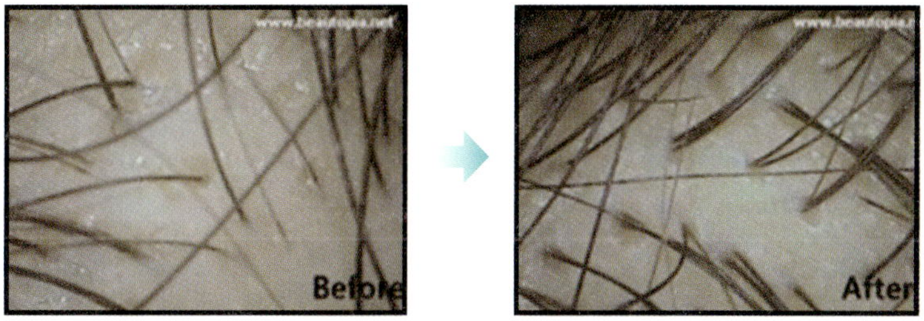

지성&민감(49세/남)

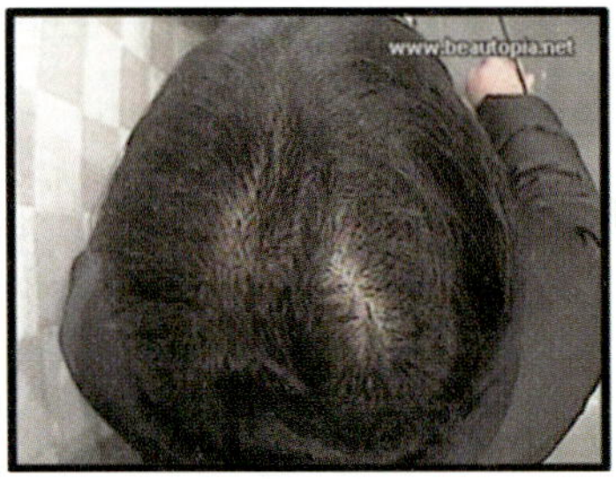

관리 전

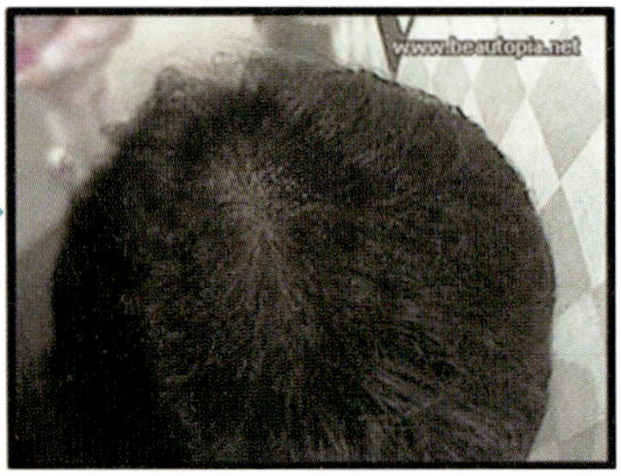

관리 후

지성스트레스(40세/남)

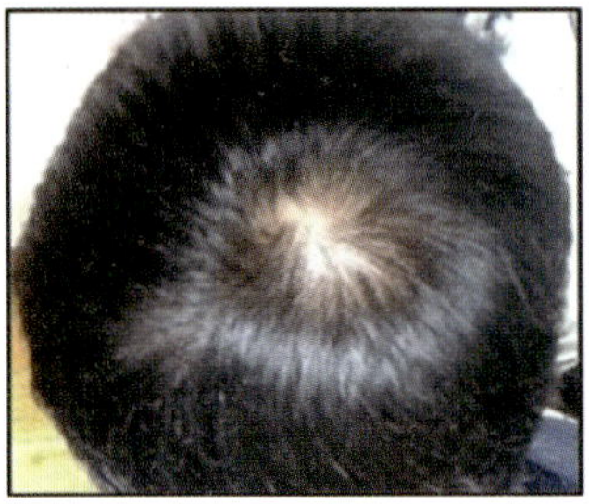

관리 전

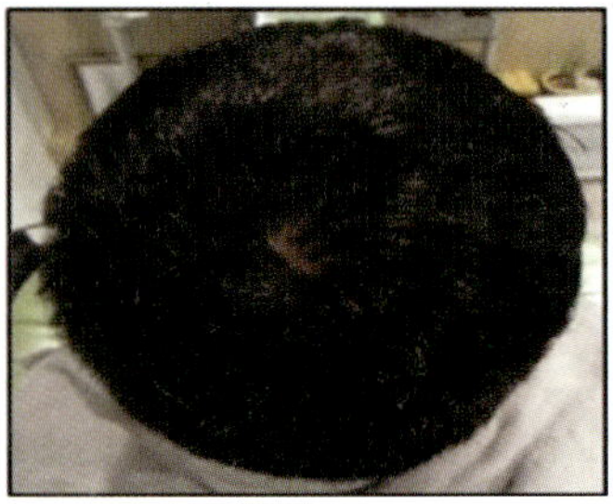

관리 후

지성스트레스(28세/남)

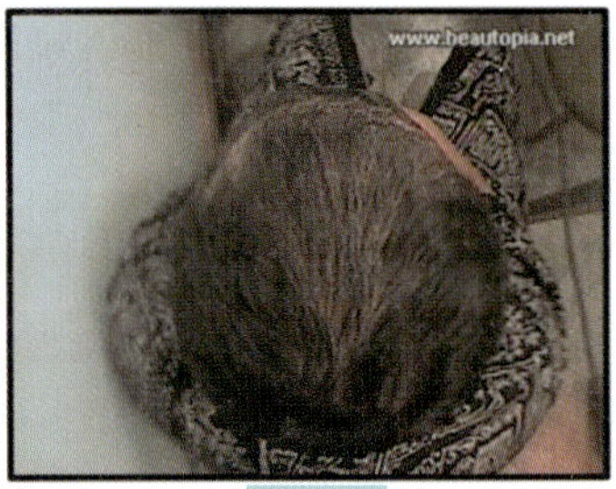

관리 전

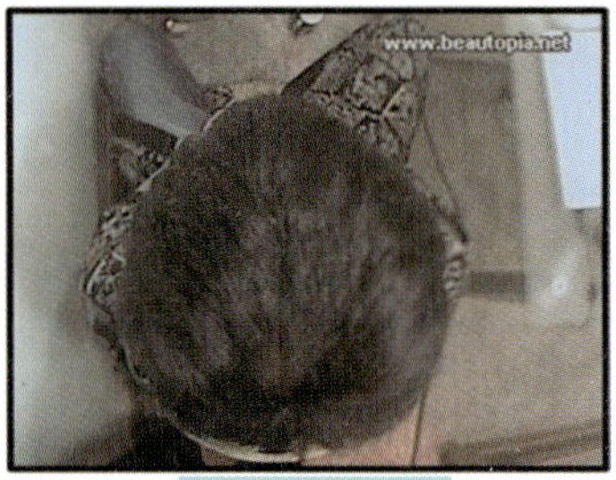

3, 5개월 관리 후

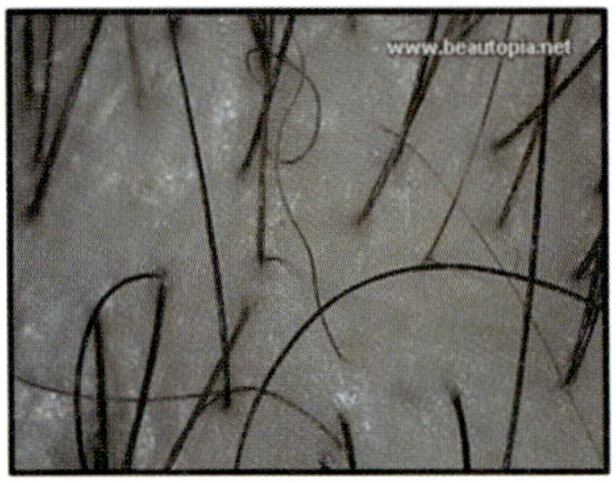

관리 전

3, 5개월 관리 후

지성스트레스(38세/남)

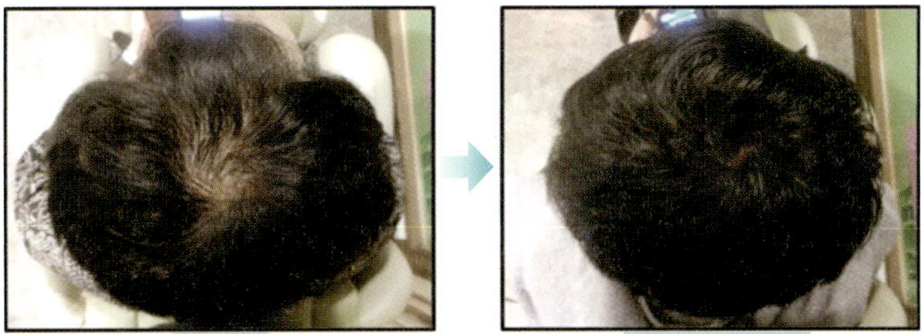

관리 전 / 3, 5개월 관리 후

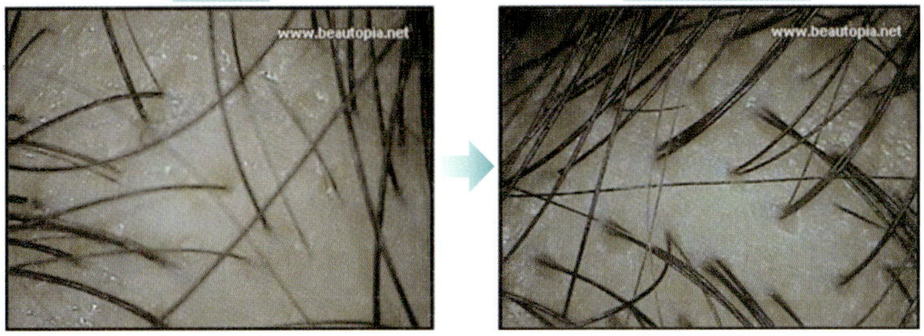

관리 전 / 3, 5개월 관리 후

지성스트레스(43세/남)

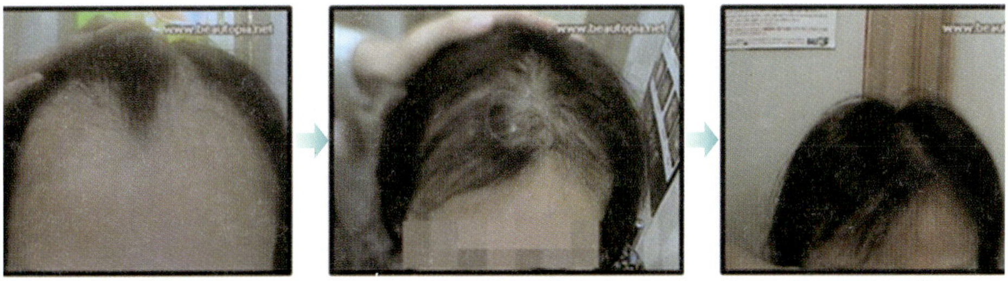

전두부 관리 전 / 관리 3개월 후 / 관리 5개월 후

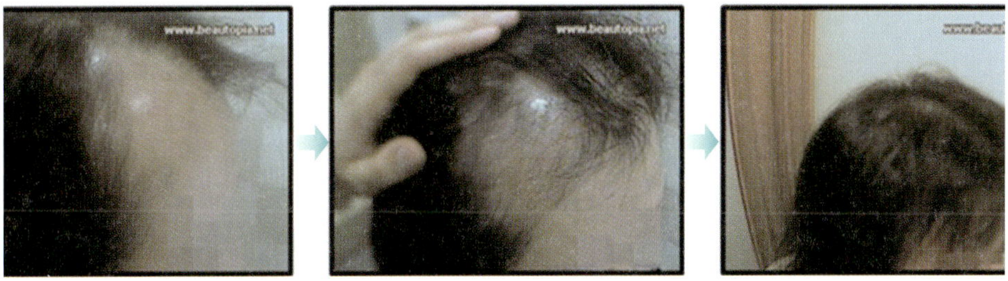

측면부 관리 전 / 관리 3개월 후 / 관리 5개월 후

지성원형(40세/여)

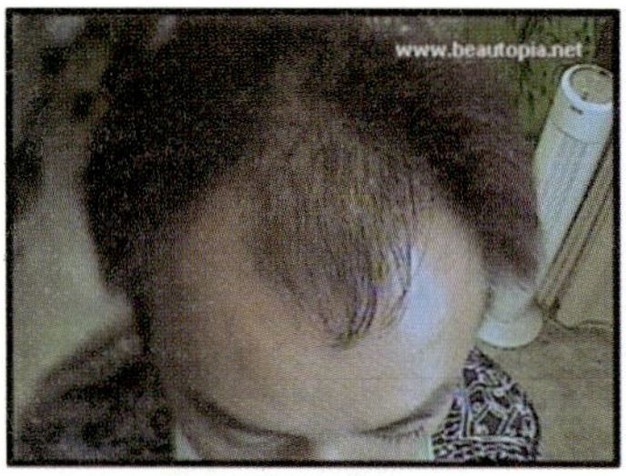

이마 M자 탈모관리 전

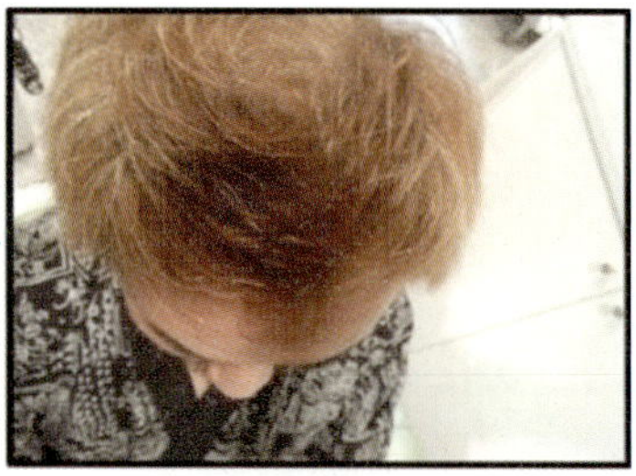

이마 M자 탈모관리 13주 후

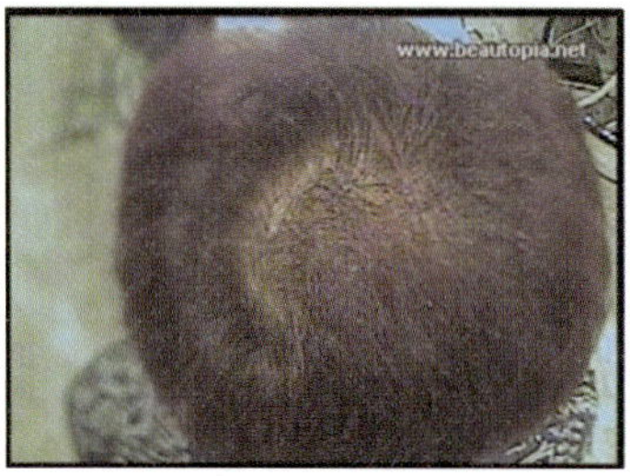

정수리 O자 탈모관리 전

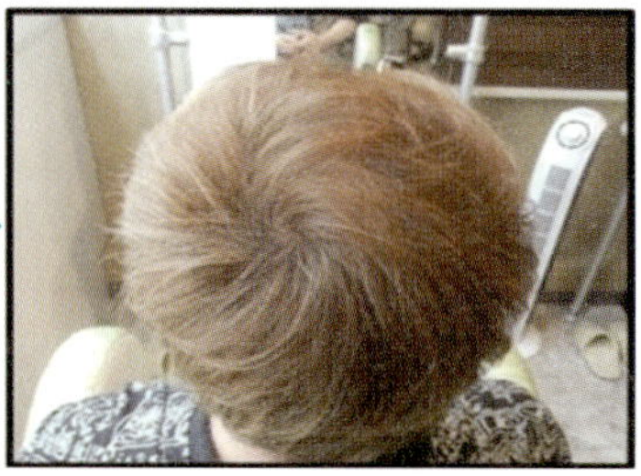

정수리 O자 탈모관리 13주 후

지성&탈모(41세/남)

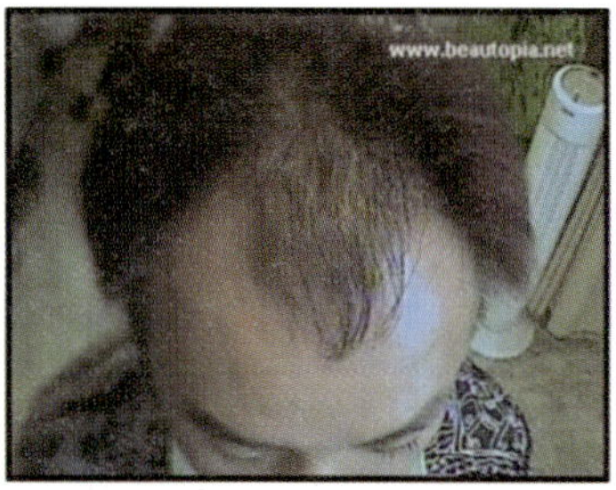

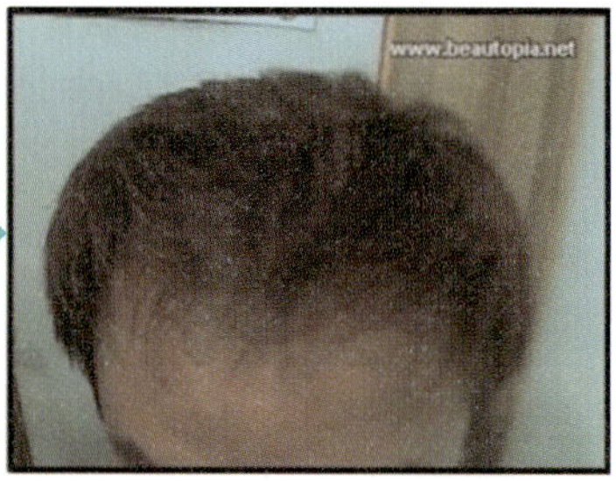

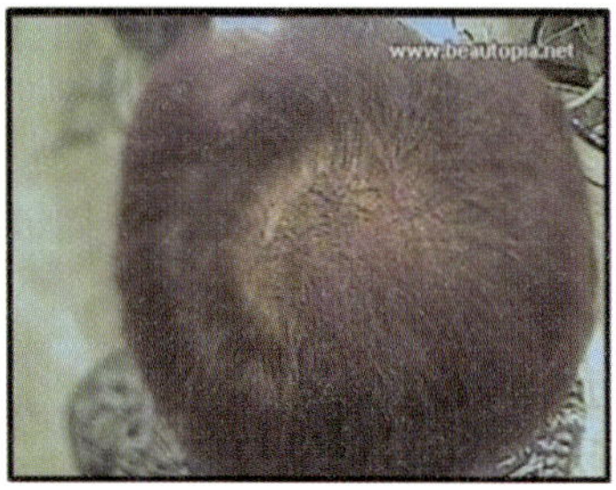

관리 전

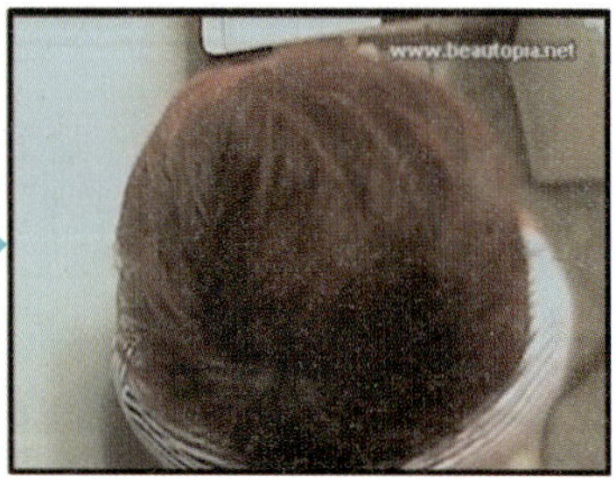

관리 후

지성&탈모(41세/남)

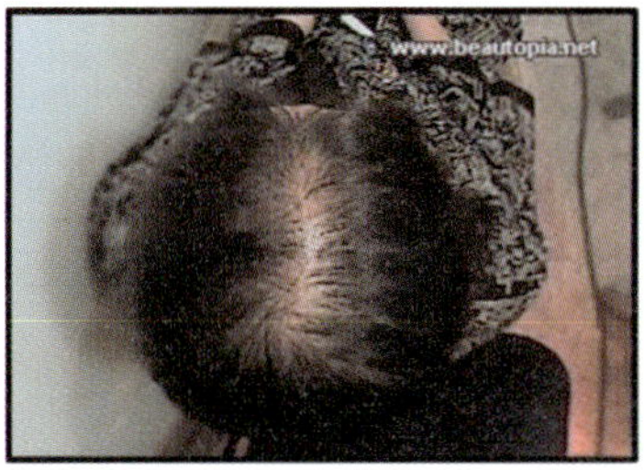

관리 전

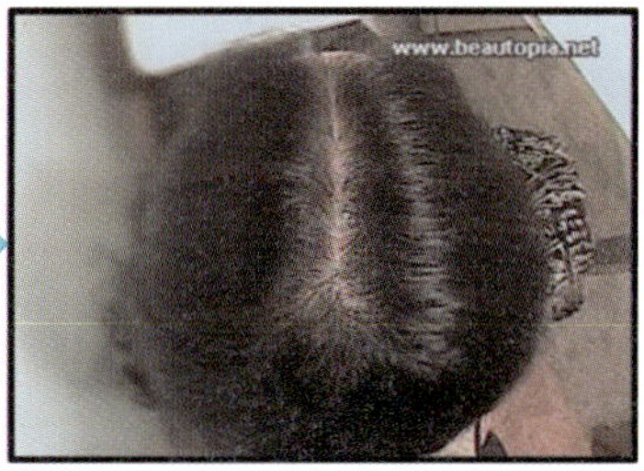

2개월 관리 후

관리 전

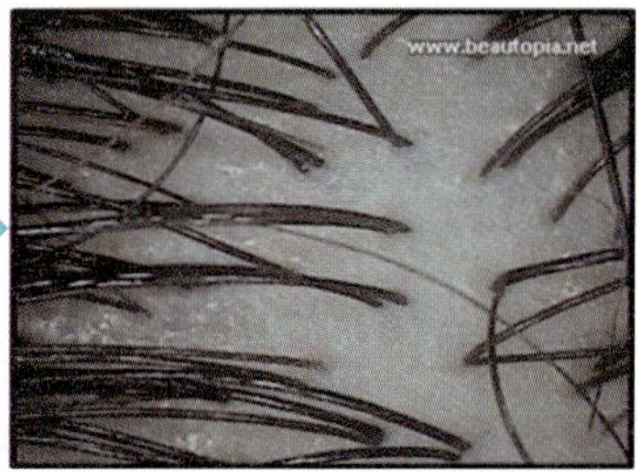

2개월 관리 후

지성(24세/여)

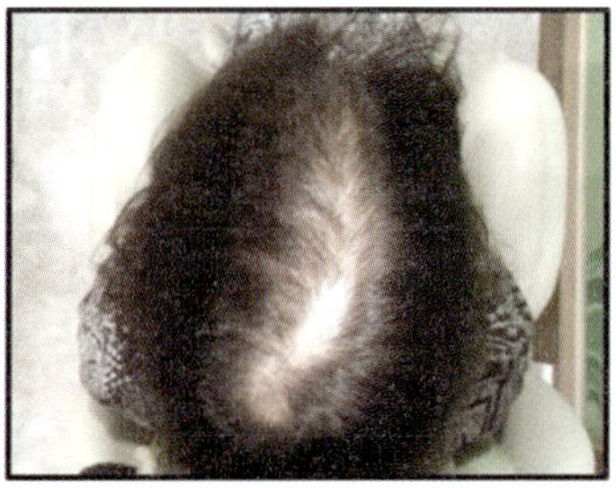

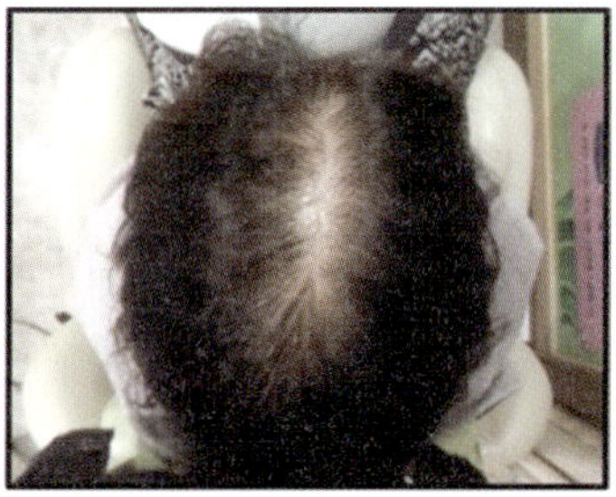

관리 전

관리 후

지성(31세/여)

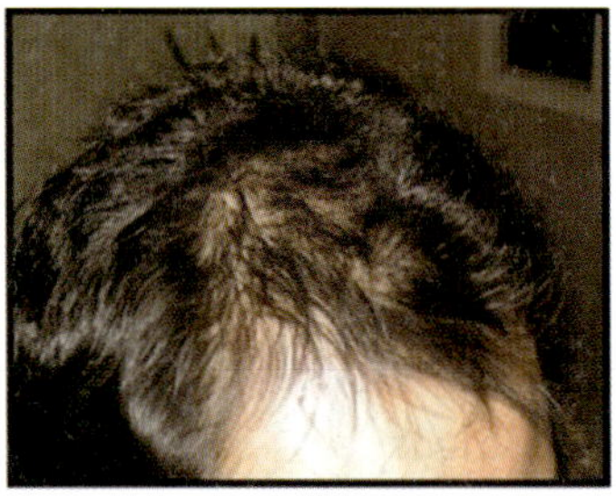

관리 전

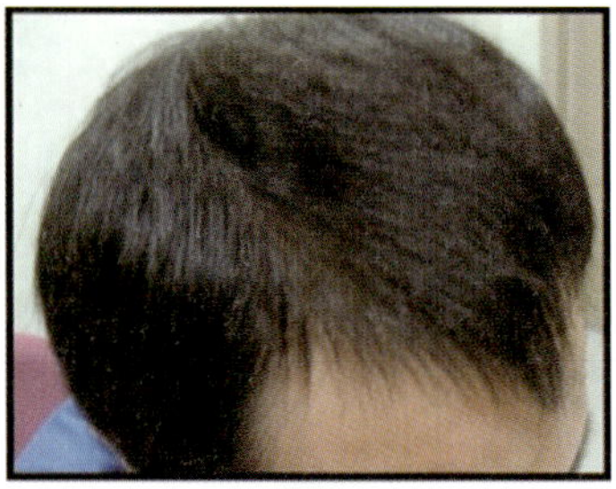

3개월 관리 후

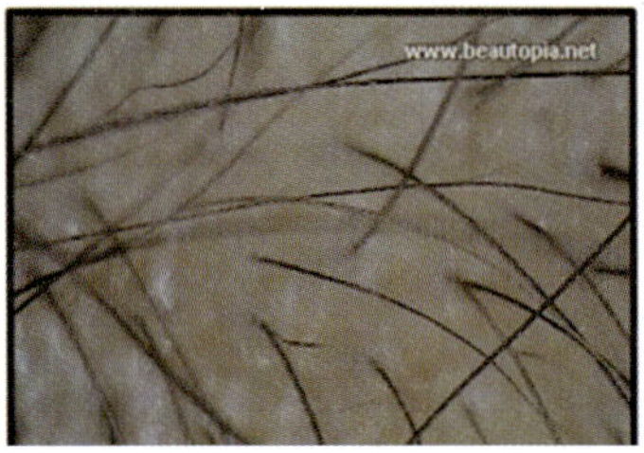

관리 전

3개월 관리 후

지성(41세/남)

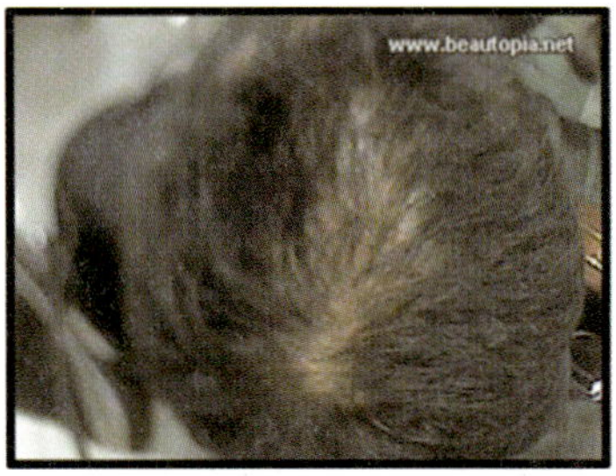

관리 전

관리 후

지성(42세/남)

자료제공 :(주) 뷰티피아

chapter

05

영양학

학·습·목·표

- 두피와 모발건강에 관련된 영양소에 대해 알아본다.

1. 영양소의 기능

- 영양이란 우리가 생명을 유지하며 몸을 성장시켜 살아가기 위하여 필요한 성분을 섭취하여 건강을 유지하는 상태를 말한다.
- 영양소란 건강을 유지하기 위해 외부로부터 섭취하는 물질이며, 탄수화몰, 단백질, 지방, 비타민, 무기질, 물, 섬유질이 영양소에 해당된다.
- 영양소의 주요기능은

  첫째, 에너지(열량)를 공급한다. 우리가 호흡하며, 심장을 뛰게 하고, 피가 흘러 음식물을 성장시키는 모든 에너지 활동 때 필요하다.

  둘째, 신체조직을 만들며 유지시킨다.

  셋째, 몸의 생리기능을 조절한다. 비타민A, 비타민C, 비타민D, 비타민E, 비타민K, 나트륨, 염소가 필요하다.

- 3대 영양소 - 탄수화물(carbohydrate), 단백질(protein), 지질(lipid)

  : 에너지 발생의 주요기능-휘발유에 비유
- 5대 영양소 - 3대 영양소 + 무기질(mineral), 비타민(vitamin)

  : 몸의 조직구성의 주요기능-자동차에 비유
- 6대 영양소 - 5대 영양소 + 물(water)

  : 몸의 조직구성의 주요기능-자동차에 비유
- 7대 영양소 - 6대 영양소 + 식이섬유

  : 생리기능 조절의 주요기능-윤활유에 비유

2. 모발과 단백질

수소, 질소, 탄소 등의 원소로 이루어진 유기화합물을 말하며, 피부, 모발, 손발톱, 근육 등 사람의 몸을 구성하고 있으며, 모든 인체의 세포조직들이 단백질로 이루어져 있다.

1) 모발관리에 좋은 단백질

모발은 시스틴을 많이 함유하고 있는 케라틴(keratin) 단백질로 형성되어 있고, 모근에 있는 모유두에서 모세혈관을 통한 영양분이 보내져 모발의 성장을 촉진시키게 되는 것이다.

즉, 모발건강을 위해서는 시스틴이 많이 함유된 음식물을 섭취할 필요성이 있다.

시스틴은 필수아미노산이 아니기에 부족할 시 아미노산인 메티오닌에게 전환되어 생체 내 합성된다.

식품 단백질 함유량

식품	단백질량(%)	메티오닌(%)	시스틴(%)
콩	34.3	0.43	0.48
두부	53.4	0.65	0.66
김	34.2	1.15	0.48
계란	12.7	0.43	0.35
치즈	25.2	0.75	0.13
소고기	19.3	0.43	0.2

출처: 한국두피모발관리사협회(2012)

3. 모발과 비타민

비타민의 효능은 첫째, 활력효과, 둘째, 성인병예방효과, 셋째, 노화억제효과가 있다. 모발에 영향을 미치는 비타민의 작용과 권장식품은 다음과 같다.

모발에 영향을 미치는 비타민의 작용과 권장식품

비타민	작용	권장식품
비타민A	- 지용성 비타민으로 두피 각질화와 관련이 있는 대표적인 비타민이다. - 부족시 피지분비 및 땀샘의 기능저하로 각질층이 두꺼워지며, 피부의 윤기 감소와 두피 건성화가 나타난다. - 심각한 경우 모공각화증이 발생되며, 과다 섭취 시 탈모현상을 유발한다.	생선, 계란, 우유, 당근, 브로콜리, 피망 등
비타민 B1	- 아미노산 대사에 절대적으로 필요한 비타민이며, 비듬방지에 중요한 비타민류이다. - 수용성 비타민으로 피부건강과 관련하여 중요한 작용을 하는 미용 비타민이다. - 피지분비, 지루성 피부염 등 피부 미용에 있어 중요한 유분의 컨트롤과 관련이 깊다. - 부족시 과다한 피지 분비로 인한 두피 지루화, 지루성 탈모증, 지루성 피부염 등을 유발한다. - 지성두피용 제품의 주요 성분으로 Tonic 성분에 혼합되어 사용되기도 한다.	아보카도, 감자, 버섯, 우유, 계란 시금치, 방울토마토, 가지, 곡물류 등
비타민 B2	- 신체 모든 세포에서 영양소로부터 열량을 내는데 조효소로서 미용비타민으로 모발성장에 도움을 준다.	우유, 토마토, 생선알 등

비타민	작용	권장식품
비타민 B6	- 탈모의 주원인인 테스토스테론이 디하이드로테스토스테론으로 전환되는 것을 억제한다.	간, 계란, 채소, 곡류 등
비타민 C	- 수용성 비타민으로 인체 전반에 대하여 나타나는 여러 질환의 예방 및 치료에 작용하는 광범위성 비타민이다. - 미용과 관련해서는 피부미백, 노화, 항산화 작용과 관련이 깊다. - 부족시 괴혈병 및 모발성장에 영향을 준다.	오렌지, 키위, 딸기, 레몬 등
비타민 D	- 탈모 후 모발의 재생에 탁월한 효과와 모발의 윤택에 좋은 비타민이다. - 비타민 D는 뼈가 발달할 때 미네랄이 축적되는 부위에서 작용한다. - 뼈와 치아의 석회화에 있어 중요하며 비타민 A와 함께 섭취할 때 가장 효과적이다.	생선(고등어), 계란(달걀노른자), 치즈, 버섯(표고) 등
비타민 E	- 항산화작용이 뛰어난 제품으로 두피건강에 매우 중요하며, 간접적인 모발성장에 관여한다. - 지용성비타민으로 말초혈관 확장과 관련이 있어 염조제 성분으로 주로 사용이 되고 혈액순환에 맞춰진다. - 보조제로써 하루 최소 1000 IU 섭취는 화학 요법에 의한 탈모를 예방하는데 도움이 된다.	아몬드, 호두, 땅콩, 잣 등 견과류와 녹황생 채소류, 식물성기름 등
비타민 F	- 필수지방산을 다른 말로 비타민 F라고 말한다. - 생체막의 구성성분이며 과다 섭취 시 비타민 E의 결핍을 일으키는 비타민이다.	돼지 간, 장어, 현미, 감자, 참깨 등

4. 모발과 무기질

무기질은 체액의 pH를 일정하게 유지시키며 신체의 필수성분을 구성한다. 모발과 관계 깊은 무기질은 요오드, 철, 칼슘, 아연, 황이 있다.

비타민	작용	권장식품
요오드	- 모발성장에 도움과 갑상선호르몬 주성분으로 성장과 발달, 피부신진대사 촉진에 관여한다.	해조류, 어패류, 양파 등
철	- 두피에 신진대사를 원활하게 하며 모발의 성장과 유지에 관여한다. - 부족 시 모발이 빠지고 빈혈을 유발하며, 얼굴이 창백해진다.	새우, 감, 우유 등
칼슘	- 뼈와 치아의 형성, 뼈의 강도를 유지한다. 신경전달, 근육수축, 혈액응고, 혈압을 조절한다.	굴, 조개, 요구르트 등
아연	- 탈모와 흰머리 예방 및 모발생장을 촉진시키며, 상처회복, 여드름, 피부염을 일으킨다.	쇠고기, 돼지고기, 생선, 콩류 등
황	- 피부병치료와 미백효과에 좋다	굴, 소간, 참깨, 곡물류 등

chapter

06

기기학

학·습·목·표

- 두피모발 타입별로 기기학을 실무에 적용할 수 있다.

1. 진단기

PC 및 모니터 일체형으로 간단한 조립으로 바로 사용가능하며, PC에 내장된 고객관리 화상프로그램을 통하여 고객관리가 가능한 멀티가능 진단기 무게를 고려해 본체에 바퀴를 결합하여 기기 이동이 용이하다.

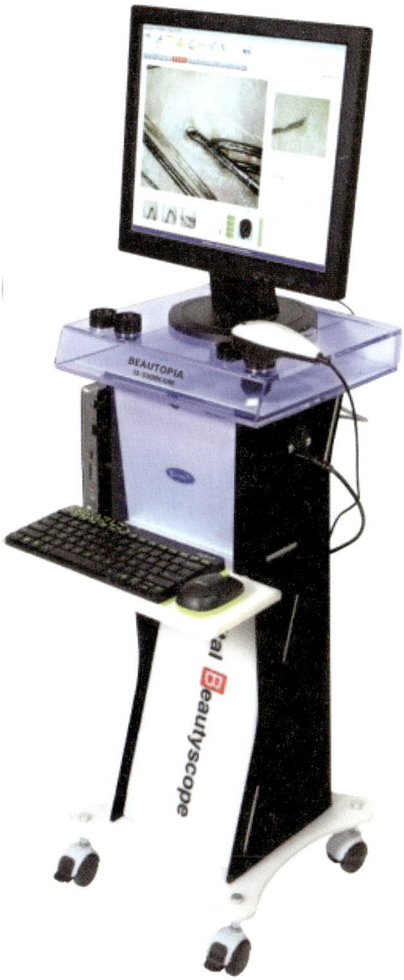

2. 렌즈진단기

4가지의 배율렌즈를 통해 다양한 진단가능

X1 배율	X50 배율	X250 배율	X800 배율
두피/피부의 전면부	두피/피부/모발	두피/모발 정밀	모발의 결 (큐티클)

3. 종합결과

자체 개발 전문 프로그램을 통해
정확한 진단 및 종합결과, 상세결과 확인

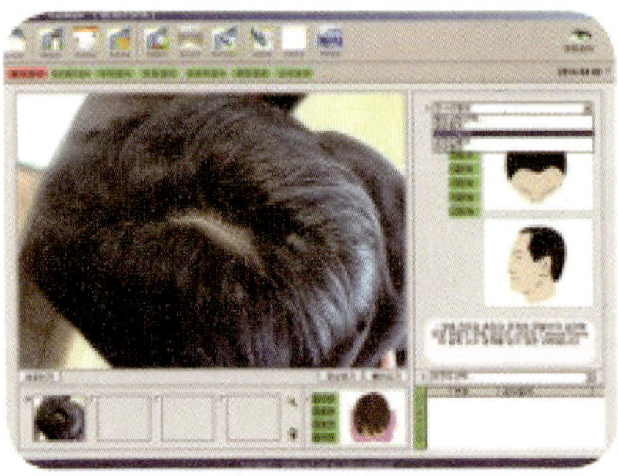

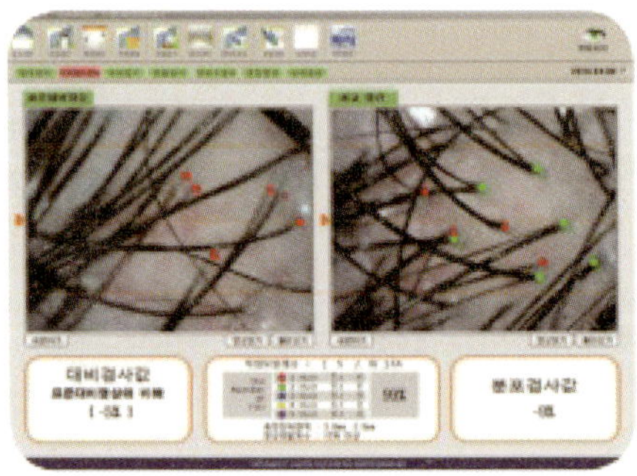

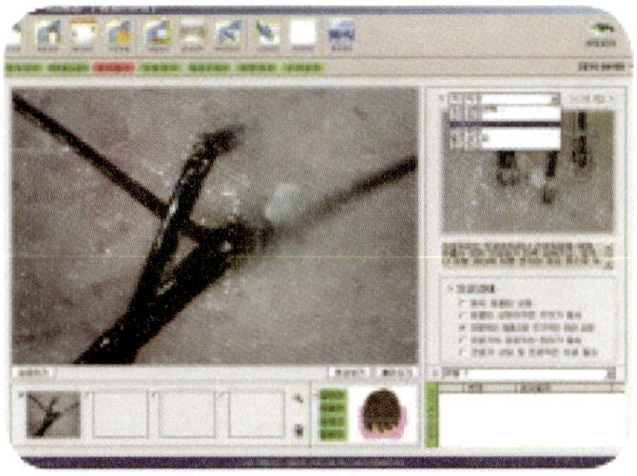
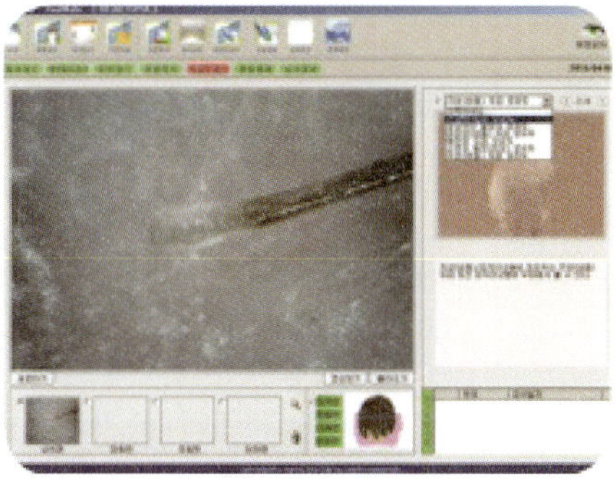
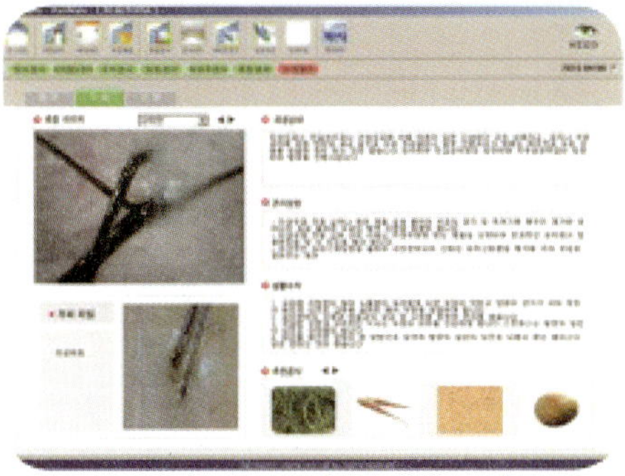
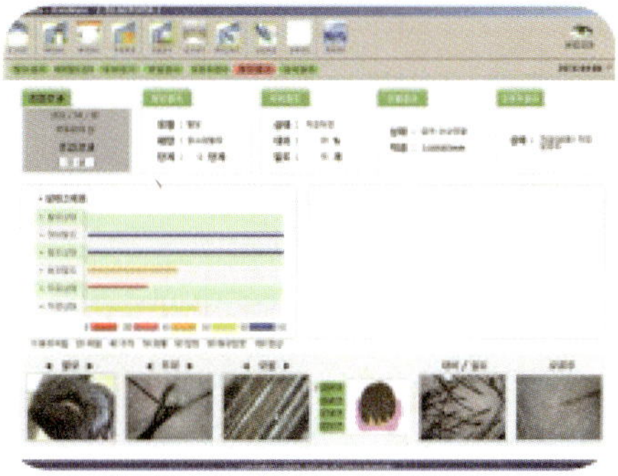

4. 스캘프 스크러버

- 세정살균 효과: 박리진동에 의해 피부에 부담을 주지 않고 노화된 각질을 빼내어 깨끗한 피부와 두피를 만들어주는 기능이다.
- 스케일링 효과: 1초에 28,000회 진동하는 초음파에너지로 세정수가 엷은 안개처럼 되어 모공 속 피지와 각질을 순식간에 유화시켜 제거하고 동시에 살균하고 세정하는 기능이다.

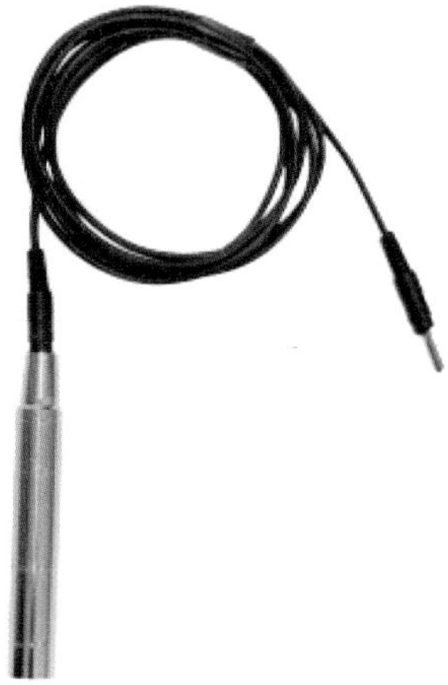

- 이온토포레시스: 음(-)이온은 알칼리 반응으로 두피와 피부를 활성화시키며, 노화된 피부, 두피관리 등에 필요한 앰플(영양성분)을 진피까지 침투시키는 역할. 양(+)이온은 두피, 피부를 진정시키고, 수렴효과로 탄력을 증가시키며, 신경안정과 혈액 공급량의 감소 효과가 뛰어나다.

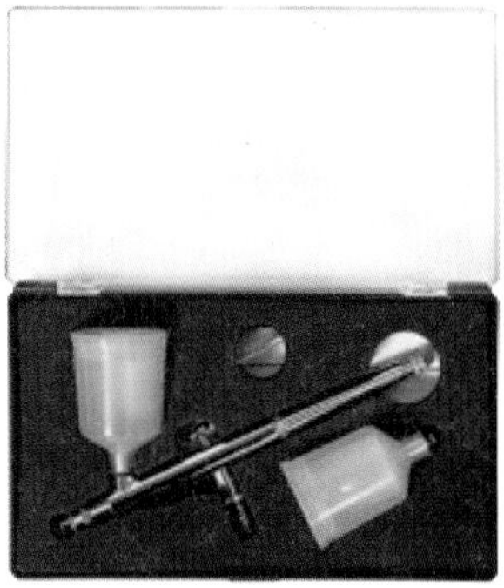

- 에어브러시: 앰플 및 영양액을 피부, 두피에 미세하게 분사하여 모공에 영양액을 골고루 도포해주는 기능이다.

5. LED

• LED: 모발클리닉 영양제품 침투의 촉진, 두피스케일링 후 앰플 흡수효과를 증대시켜 준다.

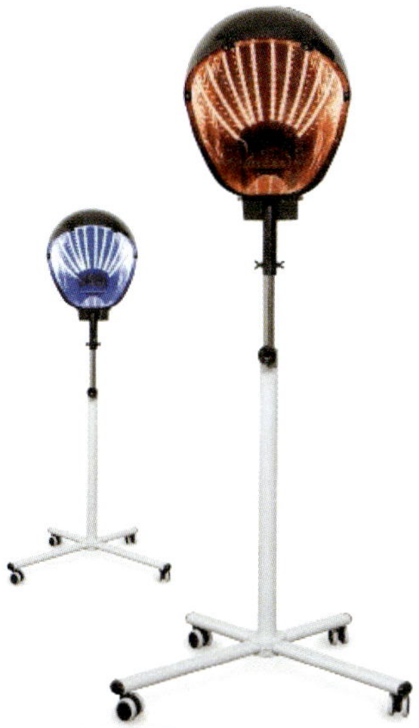

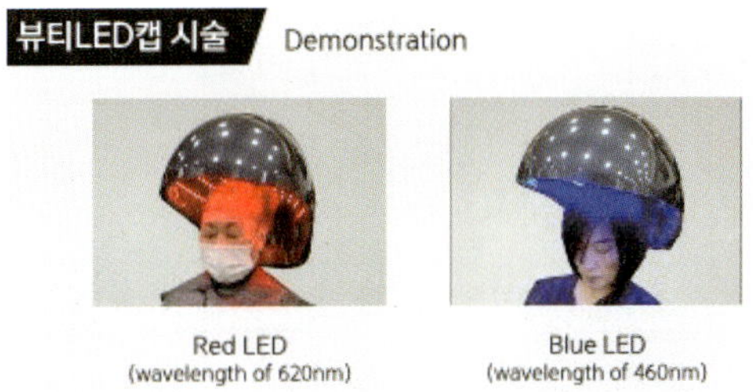

자료제공:(주) 뷰티피아

chapter

07

고객상담

학·습·목·표

- 고객상담 기법에 관한 스킬을 배우며, 실무에 적용할 수 있다.

1. 고객상담

1) 상담이란?

전문적인 지식과 기능을 가지고 상담을 희망하는 내담자의 환경과 입장을 이해하며 합리적이고 효과적인 행동 양식을 주거나 의사결정을 내릴 수 있도록 조력해주는 활동이다.

2) 두피관리 측면 상담이란?

고객과의 1:1대화 과정을 통해서 고객두피 및 모발에 대한 문제점을 개인의 생활환경 및 건강상태 등의 체크를 통하여 고객에게 문제해결 방안을 제시하고, 행동으로 옮길 수 있도록 도와주는 과정을 의미한다.

2. 고객상담의 세 가지 요소

1) 신뢰

상담과정에 있어서 가장 필수적인 관리

2) 전문가적인 지식

고객에게 나타나는 문제의 원인들을 파악하여 올바른 관리방법과 조언을 해줌으로써 고객의 니즈를 충족시켜 고객의 질문에 대처하는 명쾌한 대안도 제시할 수 있어야 한다.

3) 고객의 심리 분석

기본적인 커뮤니케이션 기법과 고객의 마음을 이해하는 공감적 이해, 이미지 메이킹, 자기 감정조절 등 두피모발관리사로 카운슬러가 갖춰야 할 기본적인 요소이다.

3. 고객상담시 주의사항

(1) 고객의 질문에 정확한 대답을 하기 위해서는 상담하는 공간이 다른 사람에게 방해받지 않아야 한다.
(2) 고객의 니즈를 파악하기 위해 편안한 분위기와 공감대 형성이 매우 중요하다.
(3) 고객에게 필요한 정보는 효과적으로 진행되어야 한다.
(4) 신중성을 가지고 상담이 이루어져야 한다.
(5) 두피모발의 문제에 1가지 이상의 원인이 있다는 것을 상기시켜 준다.
(6) 두피관리는 단기간에 되는 것이 아니라는 것을 알려주는게 중요하다.
(7) 고객의 두피타입에 함께 진행하고 전달한다.
(8) 고객의 잘못된 생활습관들을 변화시키기 위해 상담시 주기적으로 주지시켜준다.
(9) 고객과의 상담내용은 개인적인 사항이므로 다른 사람이 알 수 없어야 한다.

4. 고객카드 작성

두피모발분석 상담카드

관리사 성명		단체명		감 독 관	

고객정보			
고 객 명		성 별	남 / 여
생년월일		전 화 번 호	
E-mail		직 업	
생활패턴 진단(Life Style)			
샴푸횟수		식생활	
스타일링제 사용		건강 상태 (및 알레르기여부)	
수면상태 및 수면시간		약복용(및 병력)	

상담정보			
1. 원 인	유전성( ) 신경성( ) 스트레스성( ) 피부질환( ) 산후탈모( ) 대기오염( ) 호르몬 과대분비( ) 항암제 사용( ) 세척불량( ) 다이어트( ) 영양결핍( ) 기타( )		
2. 고객 분석	두피상태	지루성 ( ) 지성 ( ) 정상 ( ) 건성 ( ) 악건성 ( ) 비듬 ( ) 염증 ( ) 민감성( ) 건선( ) 백선 ( )	
	모공상태	열림 ( )	보통 ( ) 막힘 ( ) 심한더러움 ( )
	두피 톤	전 두 부	투명( ) 탁함( ) 홍반( ) 황색( ) 염증( ) 뽀로지( )
		측 두 부	투명( ) 탁함( ) 홍반( ) 황색( ) 염증( ) 뽀로지( )
		후 두 부	투명( ) 탁함( ) 홍반( ) 황색( ) 염증( ) 뽀로지( )
	모발상태	굵은모 ( ) 중간모 ( ) 가는모 ( ) 발수성모( ) 다공성 ( ) 직모 ( ) 파상모( ) 축모 ( ) 염색 ( ) 탈색 ( ) 버진모( ) 펌(웨이브/스트레이트)( )	
	각 질	전체 ( ) 부분 ( ) 특이 ( )	

발생위치

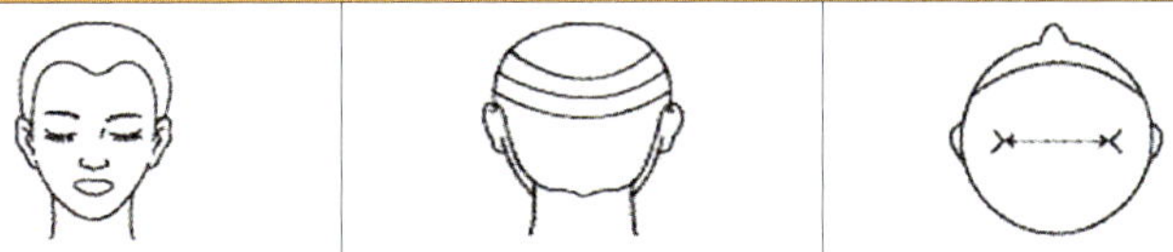

특이사항 (관리방법)	
어드바이스 (홈케어)	

자료제공:대한두피모발전문가협회(2025)

두피모발분석 상담카드

관리사 성명		단체명		감 독 관	

고객정보			
고 객 명		성 별	남 / 여
생년월일		전 화 번 호	
E-mail		직 업	
생활패턴 진단(Life Style)			
샴푸횟수		식생활	
스타일링제 사용		건강 상태 (및 알레르기여부)	
수면상태 및 수면시간		약복용(및 병력)	

상담정보			
1. 원 인	유전성( ) 신경성( ) 스트레스성( ) 피부질환( ) 산후탈모( ) 대기오염( ) 호르몬 과대분비( ) 항암제 사용( ) 세척불량( ) 다이어트( ) 영양결핍( ) 기타( )		
2. 고객 분석	두피상태	지루성 ( ) 지성 ( ) 정상 ( ) 건성 ( ) 악건성 ( ) 비듬 ( ) 염증 ( ) 민감성( ) 건선( ) 백선 ( )	
	모공상태	열림 ( )	보통 ( ) 막힘 ( ) 심한더러움 ( )
	두피 톤	전 두 부	투명( ) 탁함( ) 홍반( ) 황색( ) 염증( ) 뽀로지( )
		측 두 부	투명( ) 탁함( ) 홍반( ) 황색( ) 염증( ) 뽀로지( )
		후 두 부	투명( ) 탁함( ) 홍반( ) 황색( ) 염증( ) 뽀로지( )
	모발상태	굵은모 ( ) 중간모 ( ) 가는모 ( ) 발수성모( ) 다공성 ( ) 직모 ( ) 파상모( ) 축모 ( ) 염색 ( ) 탈색 ( ) 버진모( ) 펌(웨이브/스트레이트)( )	
	각 질	전체 ( ) 부분 ( ) 특이 ( )	

발생위치		
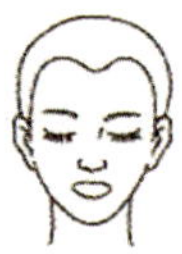	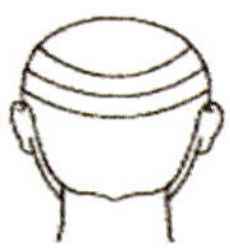	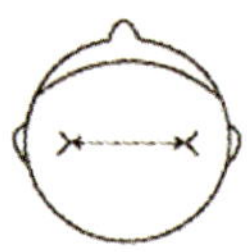

특이사항 (관리방법)	
어드바이스 (홈케어)	

자료제공:대한두피모발전문가협회(2025)

두피모발분석 상담카드

관리사 성명		단체명		감 독 관	

고객정보			
고 객 명		성 별	남 / 여
생년월일		전 화 번 호	
E-mail		직 업	
생활패턴 진단(Life Style)			
샴푸횟수		식생활	
스타일링제 사용		건강 상태 (및 알레르기여부)	
수면상태 및 수면시간		약복용(및 병력)	

상담정보			
1. 원 인	유전성( ) 신경성( ) 스트레스성( ) 피부질환( ) 산후탈모( ) 대기오염( ) 호르몬 과대분비( ) 항암제 사용( ) 세척불량( ) 다이어트( ) 영양결핍( ) 기타( )		
2. 고객 분석	두피상태	지루성 ( ) 지성 ( ) 정상 ( ) 건성 ( ) 악건성 ( ) 비듬 ( ) 염증 ( ) 민감성( ) 건선( ) 백선 ( )	
	모공상태	열림 ( )	보통 ( ) 막힘 ( ) 심한더러움 ( )
	두피 톤	전 두 부	투명( ) 탁함( ) 홍반( ) 황색( ) 염증( ) 뾰로지( )
		측 두 부	투명( ) 탁함( ) 홍반( ) 황색( ) 염증( ) 뾰로지( )
		후 두 부	투명( ) 탁함( ) 홍반( ) 황색( ) 염증( ) 뾰로지( )
	모발상태	굵은모 ( ) 중간모 ( ) 가는모 ( ) 발수성모( ) 다공성 ( ) 직모 ( ) 파상모( ) 축모 ( ) 염색 ( ) 탈색 ( ) 버진모( ) 펌(웨이브/스트레이트)( )	
	각 질	전체 ( ) 부분 ( ) 특이 ( )	

발생위치		
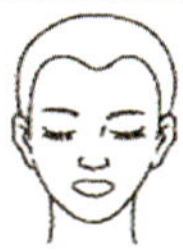	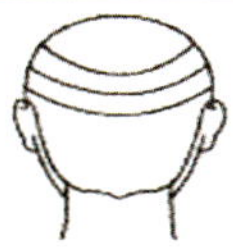	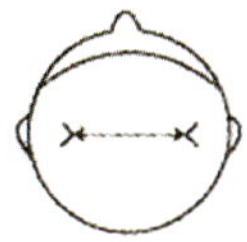

특이사항 (관리방법)	
어드바이스 (홈케어)	

자료제공:대한두피모발전문가협회(2025)

chapter

08

두피매뉴얼 테크닉

학·습·목·표

- 두피매뉴얼 테크닉의(브러싱. 스케일링, 샴푸, 린스 등) 이론적 지식을 바탕으로 관리 실무에 적용할 수 있다.

1. 브러싱 테크닉

1) 목적

- 두피관리에 있어 첫 단계로 두상을 파악하고 두피와 모발의 상태를 알 수 있는 단계이며, 고객의 상태를 편안하고 안정시킬 수 있는 단계이다.
- 모발에 묻어 있는 이물질을 제거한다.
- 두피의 혈액순환을 좋게 한다.
- 샴푸 전 모발을 정리·정돈해 준다.

2) 방법

- 정수리에서 백회방향으로 시술테크닉을 실시한다.
- 전두부, 측두부(좌·우), 후두부(중간·좌·우)로 6등분하여 실시한다.

3) 주의점

- 두피를 심하게 자극시키지 않는다.
- 정전기가 발생하지 않는 소재의 브러시를 선택한다.

4) 시술과정

전두부에서 백회방향으로 브러싱한다.

측두부에서 (좌, 우) 백회방향으로 브러싱한다.

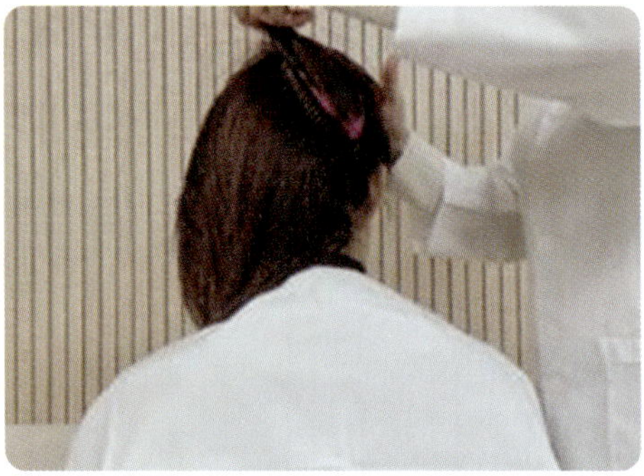

후두부에서 (중간 ,좌, 우) 백회방향으로 브러싱한다.

2. 스케일링 테크닉

1) 목적

두피의 노폐물과 오래된 각질들을 제거하며 이상성 두피에 영양을 공급하기 위함이다. 즉, 노화된 각질과 과다한 피지분비물, 비듬성 등은 두피에 쌓이게 되며 모발의 성장과정을 늦출뿐 아니라 두피 건강에도 많은 영향을 미친다. 모발 및 두피관리에 있어 가장 기초적이며 근본이 되는 관리이다.

2) 방법

두피문제를 상기시키는 장애요인들을 제거하기 위한 모공 주변 정리로 두피를 면봉 또는 에어브러시를 이용해서 깨끗이 잘 닦아 낸다.

두피상태에 맞게 식별방법을 분석하고, 중성·건성·지성·민감성·복합성 등 제품을 선택하여 균의 억제를 위한 스케일링작업을 실시한다.

3) 스케일링의 스틱 준비하기

4) 시술과정

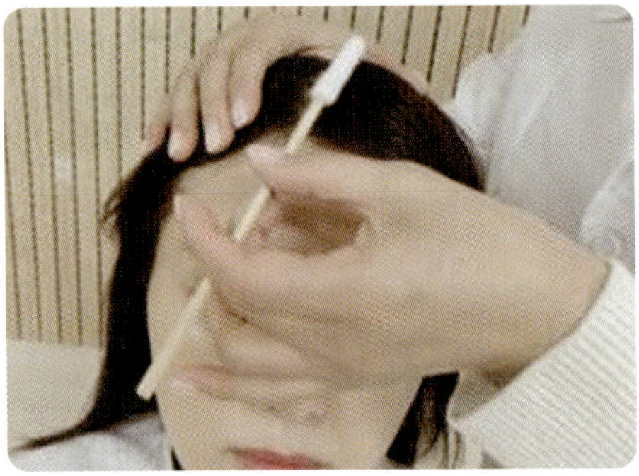

모발을 얇게 슬라이싱하여 전두부부터 진행한다.

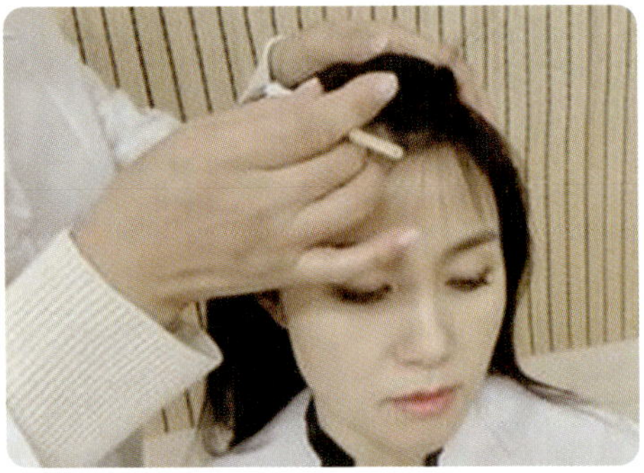

측두부에서 (좌, 우) 면봉을 감싼 스틱을 이용하여 시술시 모발이 딸려가지 않도록 정확하게 왔다갔다 2회씩 반복 후 제품을 도포한다.

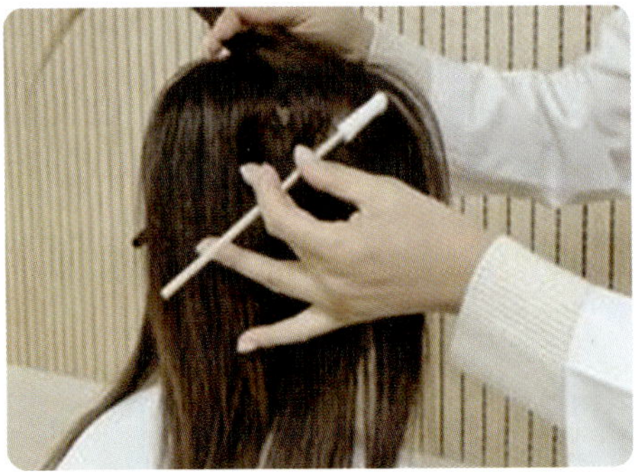

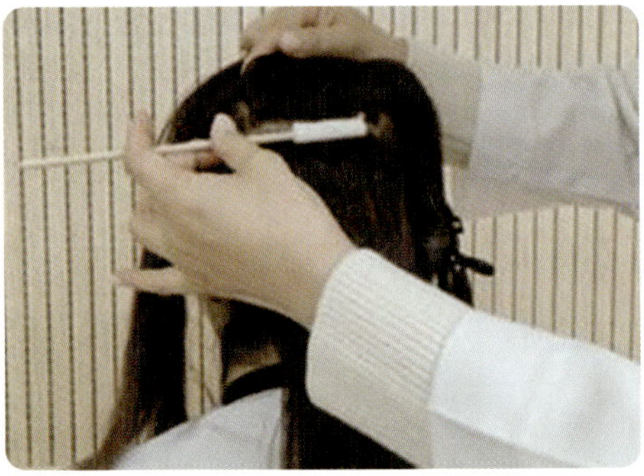

후두부에서 (중간, 좌,우)순서대로 제품을 도포시 깔끔하게 섹션의 길이 만큼 왕복 2회 실시한다. 짧은 모발은 스틱에 남아있는 제품 양으로 아래에서 위로 쓸어올려 준다.

3. 두피매뉴얼 테크닉(혈점 & 골격)

1) 매뉴얼 테크닉의 정의

손을 포함하여 다양한 신체 부위를 사용하여 피부, 근육, 결합조직 등에 물리적인 자극을 가하는 치료 및 관리 기법이다.

2) 매뉴얼 테크닉의 목적

- 치료적 목적: 근육통, 관절의 경직, 부종 등의 증상을 완하시키고 재활을 지원한다.
- 이완 및 스트레스 해소: 신체와 정신의 긴장을 줄이고 불편감을 효과적으로 완화한다.
- 순화개선: 혈액 및 림프순환을 촉진하여 신체대사를 돕는다.

3) 기법

- 압력과 문지르기: 피부와 근육에 압력을 가하여 문지르는 방식으로 긴장을 완화시킨다
- 스트레칭: 근육과 조직을 늘려 유연성과 가동성을 증가시킨다
- 타격동작: 부드럽거나 강한 두드림을 통해 근육을 자극한다.

4) 기본 혈점과 골격

(1) 두개골

두상에 있는 뼈로 전두골과 후정골로 나뉜다.

(2) 경추

흔히 목뼈라고도 하며 7개의 뼈로 이루어져 있다.

(3) 흉추

경추 밑으로 12개의 뼈가 존재하며 횡경막과 이어져 있다.

(4) 견갑골

흉곽의 뒷면에 좌우대칭으로 제2흉추~ 제7흉추에 걸쳐 있으며 길이는 9~10cm 정도 넓적한 삼각형 모양이다.

(5) 백회

- 위치: 정수리에 위치하며 양 귀의 중간지점이다.
- 적용: 두통, 현기증, 불면증, 고혈압 등을 관장한다.

(6) 풍부

- 위치: 외후두골 융기 바로 밑에 존재한다.
- 적용: 두통, 현기증, 목의 통증 등을 관장한다.

(7) 아문

- 위치: 머리카락이 시작되는 곳, 경추 1번 밑이다.

- 적용: 두통, 목의 통증 등을 관장한다.

(8) 천주

- 위치: 뒷머리 모발선에서 위로 0.5촌, 중간선 양 측에서 각각 1.3촌 지점이다.
- 적용: 후두부 두통, 목 부위의 경직 및 통증 등을 관장한다.

(9) 풍지

- 위치: 모발선의 오목한 곳에 있는 두개골 아랫부분이다.
- 적용: 감기, 현기증, 불면증 등을 관장한다.

(10) 완골

- 위치: 유양돌기와 두개골이 만나 움푹 파인 곳이다.
- 적용: 얼굴부종, 턱선의 늘어짐, 목이 두꺼워짐, 어깨경직 등에 관장한다.

(11) 견정

- 위치: 경추 7번 극돌기에서 견봉까지 연결선의 중앙지점이다.
- 적용: 목의 통증과 뻣뻣한 증상, 어깨통증에 효과가 있다.

(12) 견료

- 위치: 팔을 위로 올렸을 때 뒤로 움푹 들어간 곳이다.
- 적용: 근육의 뻣뻣한 증상, 근육통에 효과가 있다.

(13) 견우

- 위치: 팔을 위로 올렸을 때 앞부분에 움푹 들어간 곳이다.
- 적용: 관절의 통증이나 근육이 뻣뻣한 증상 등을 관장한다.

(14) 견중유

- 위치: 경추 7번 극돌기에서 2촌 옆이다.
- 적용: 어깨 또는 등의 통증, 목의 경직, 기관지염 등을 관장한다.

(15) 천종

- 위치: 견갑골의 중앙지점이다.
- 적용: 어깨 및 견갑골부위의 통증, 팔의 마비 등에 효과가 있다.

(16) 병풍

- 위치: 천종에서 수직선상에 있는 견갑골 끝부분에 위치한다.
- 적용: 어깨통증에 효과가 있다.

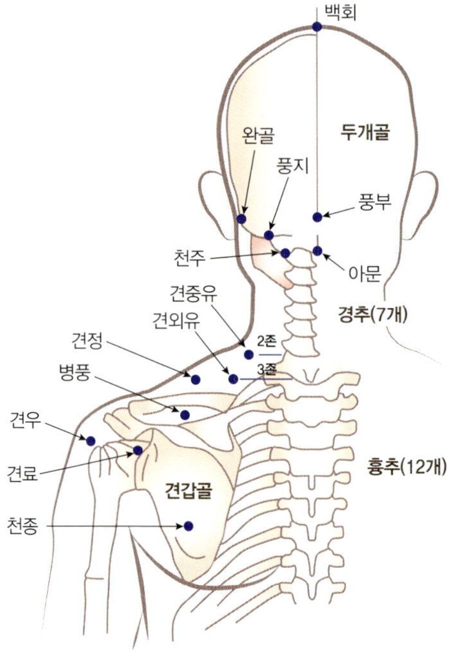

출처: 곽진만 외(2023)

혈점과 골격

5) 두피매뉴얼 테크닉

(1) 준비자세의 과정

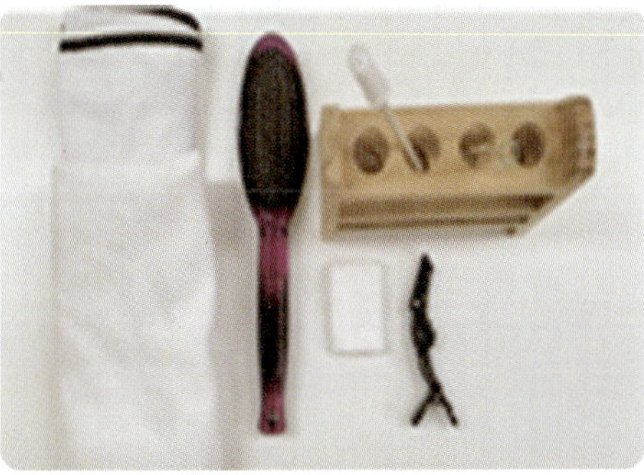

① 두피매뉴얼테크닉 준비물

② 고객에게 시술자를 소개하고 관리 시작을 안내한다.

③ 눈에서 3초 정도 온기를 모아준다.

④ 백회에서 3초 정도 온기를 모아준다.

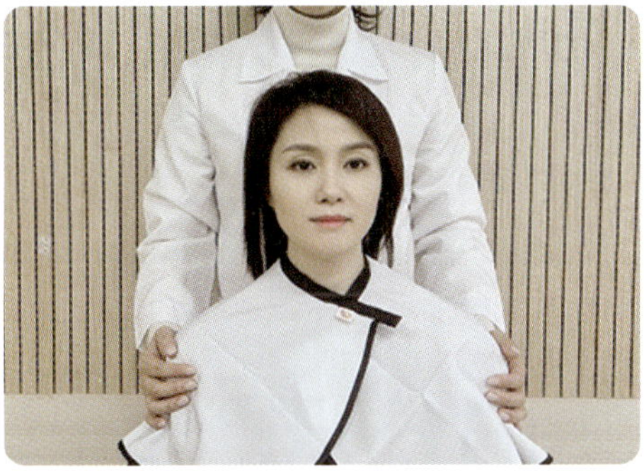

⑤ 시작을 알림으로 어깨-팔을 가볍게 정리한다.

⑥ 스트레칭 단계: 스트레칭 이완단계로 좌우 앞뒤 스트레칭하여 지그시 눌러준다.

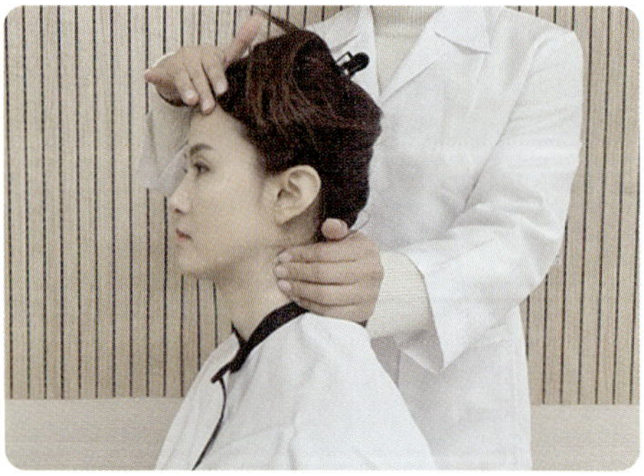

⑦ 경추부위를 지그시 집어서 주물러 준다.

⑧ 아문에서 각손까지 삼지를 이용하여 지긋이 지압한다.

(2) 어깨 매뉴얼 단계

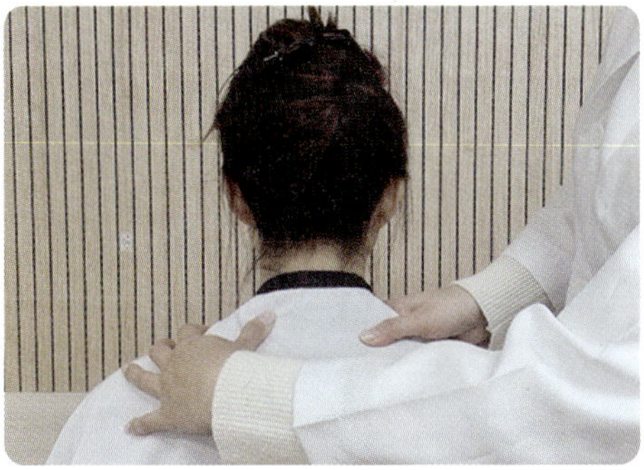

① 승모근을 지그시 주물러 준다.

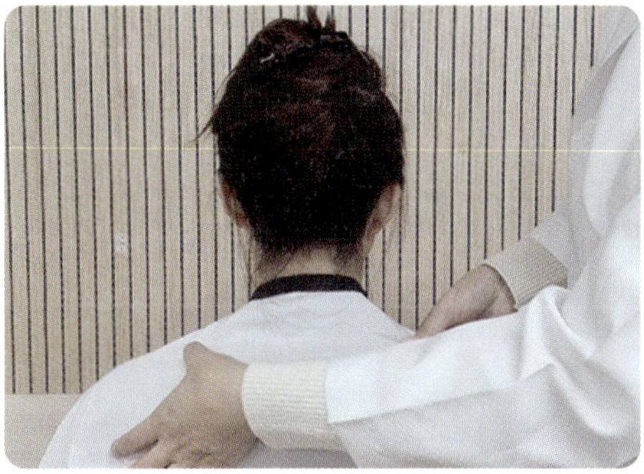

② 승모근(견정압) 지압

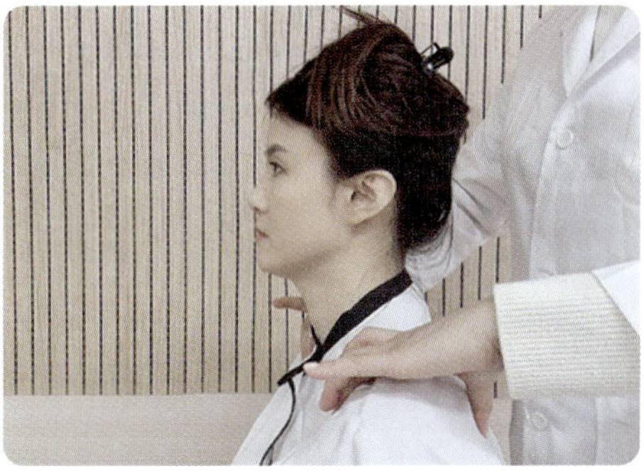

③ 승모근(견료압) 지압

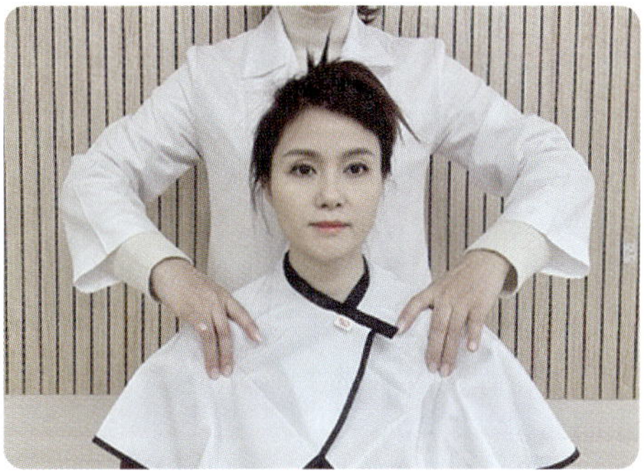

④ 승모근(견우압) 지압

⑤ 승모근(천종압) 지압

⑥ 승모근(병풍압) 지압

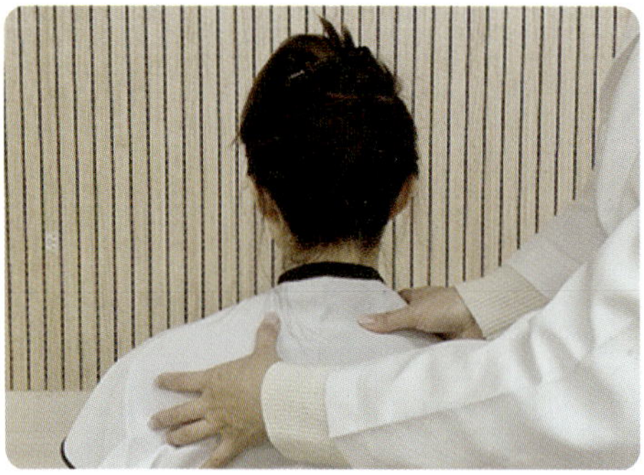

⑦ 승모근(견외유-흉추 1번 3촌압) 지압

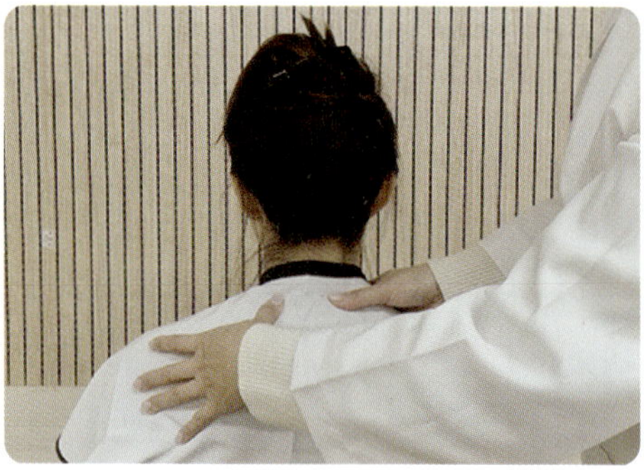

⑧ 승모근(견중유-경추 7번 2촌압) 지압

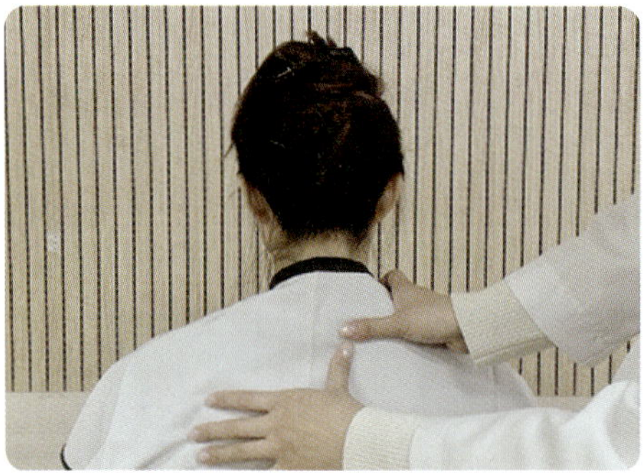

⑨ 흉추(극돌기) 지압

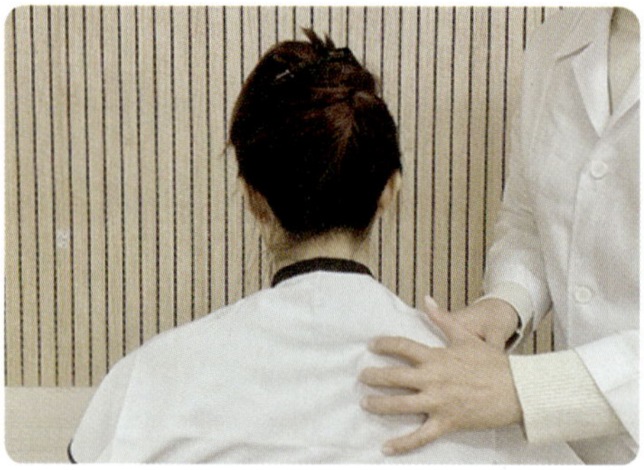

⑩ 견갑골(삼지사지) 지압

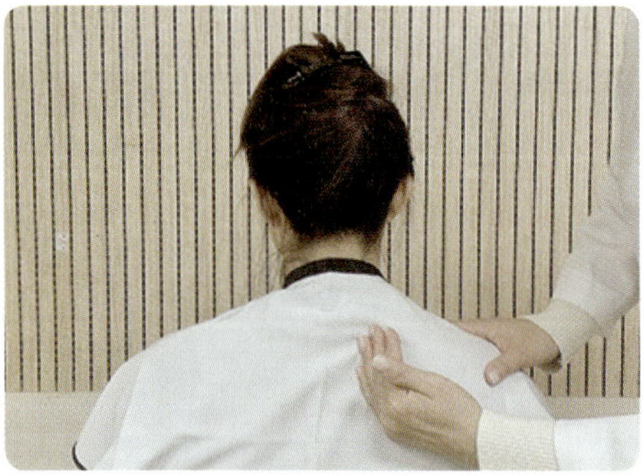

⑪ 견갑골라인 쓸어주기

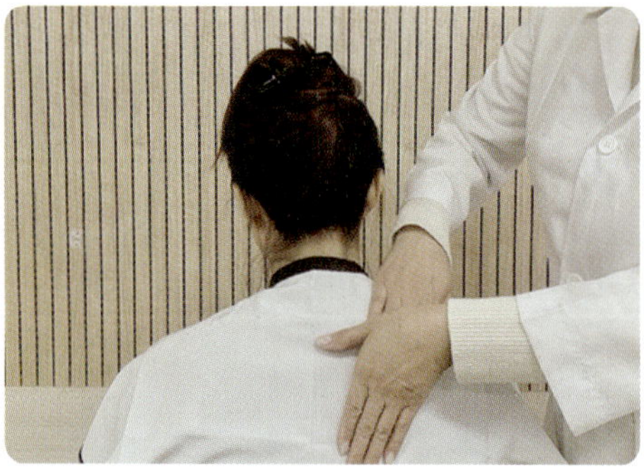

⑫ 견갑골 T형으로 쓰다듬기

⑬ 두손 모아 두들겨 주기

(3) 안면 매뉴얼 단계

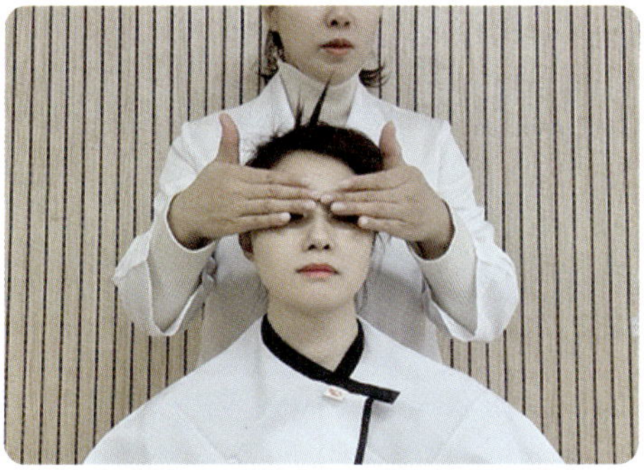

① 인당 지압

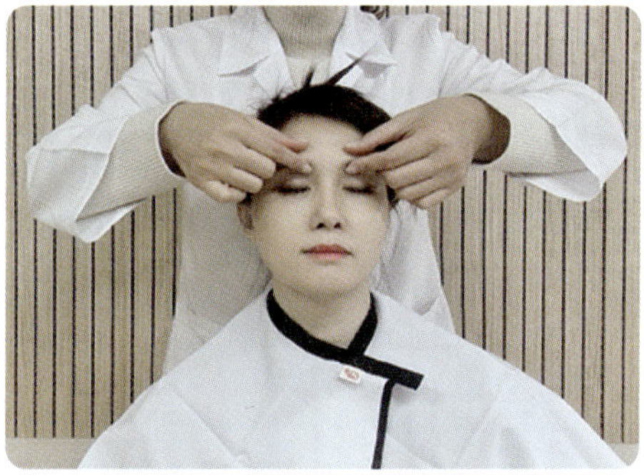

② 추미근 지압

③ 사죽공 지압

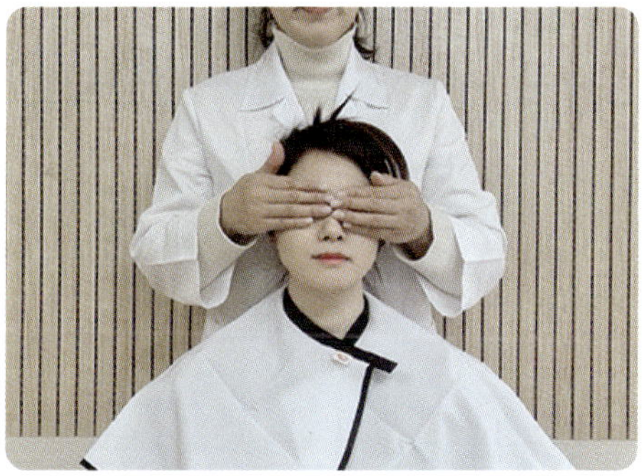

④ 안륜근 지압

⑤ 정명 지압

⑥ 승읍 지압

⑦ 거료 지압

⑧ 영향 지압

⑨ 인중 지압

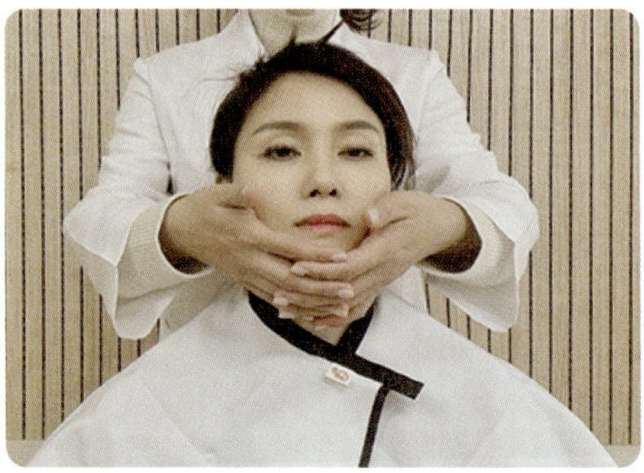

⑩ 승장 지압

⑪ 상염천 지압

⑫ 협거, 하관 지압

⑬ 상관 지압

⑭ 태양 지압

⑮ 헤어라인 전체 지압

(4) 귀 매뉴얼 단계

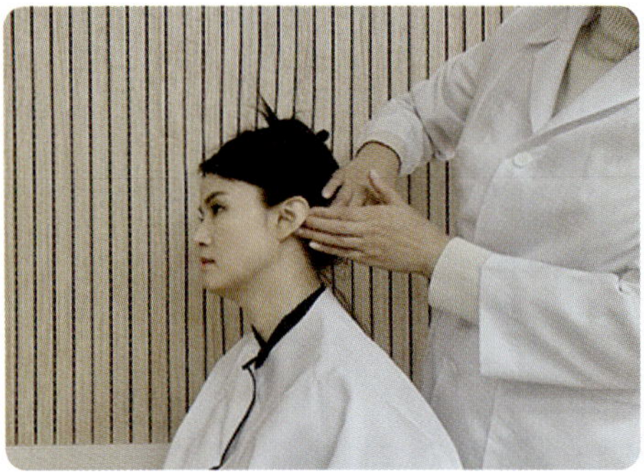
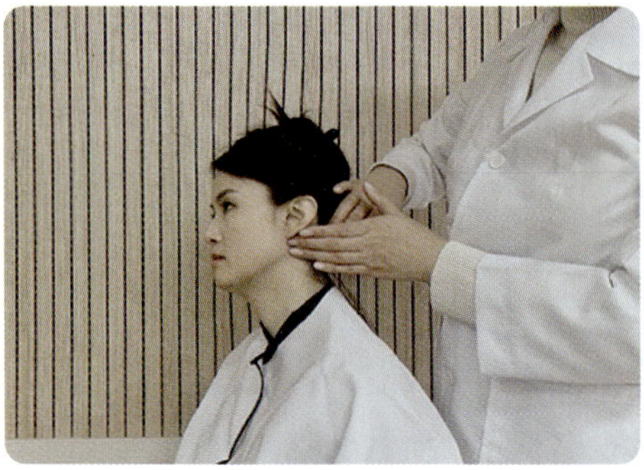

① 이문, 청궁, 청회, 예풍 지압

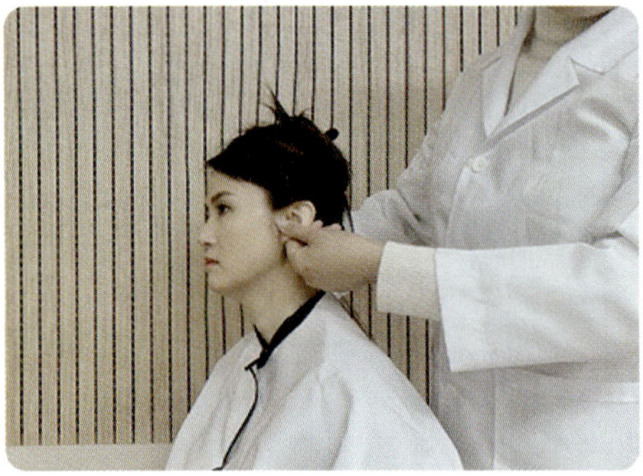
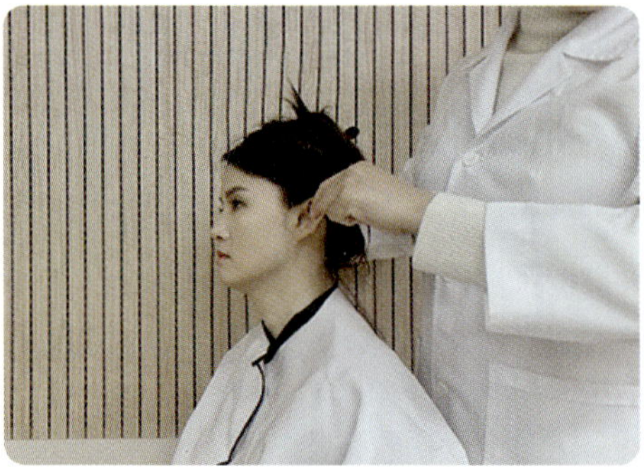

② 귀 당기기

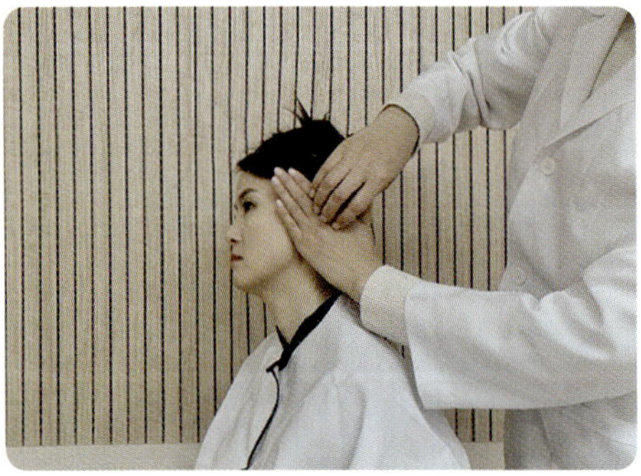

③ 귀를 가볍게 접어서 지압

(5) 두피매뉴얼 테크닉

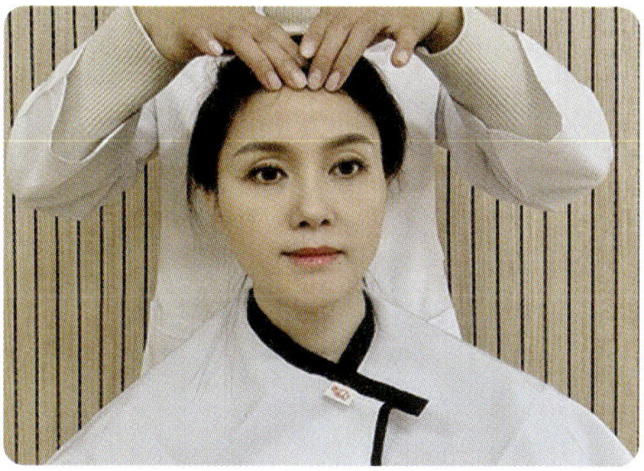
① 신정~아문까지 지압

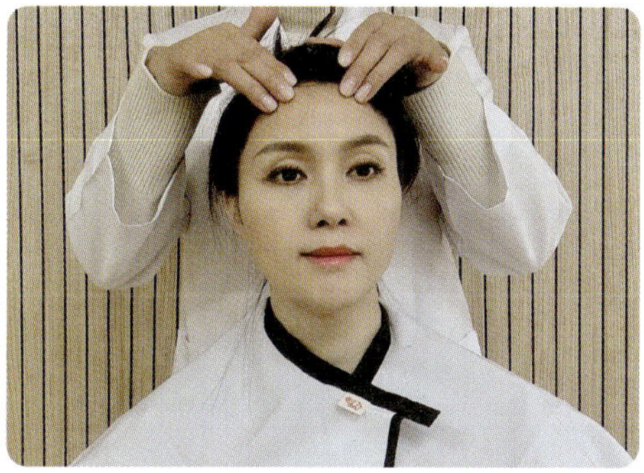
② 곡차~천주까지 지압

③ 두유~풍지까지 지압

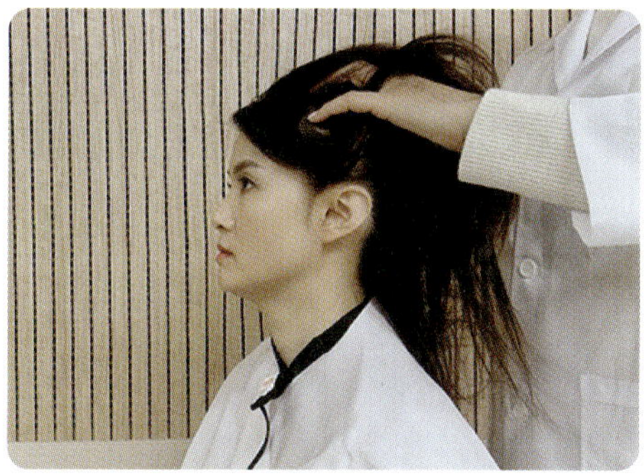
④ 두피 지압

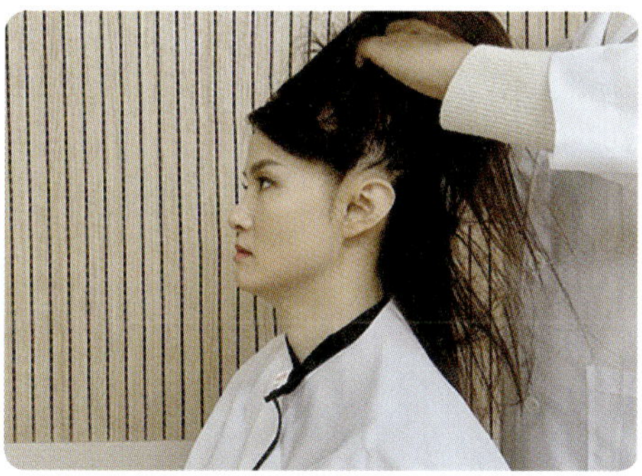
⑤ 모근, 모상건막 끌어올리기

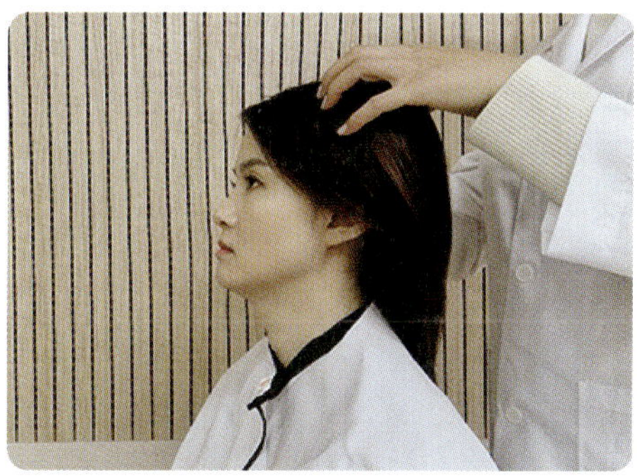
⑥ 손끝으로 지압 후 모발정리

(6) 상박매뉴얼 테크닉

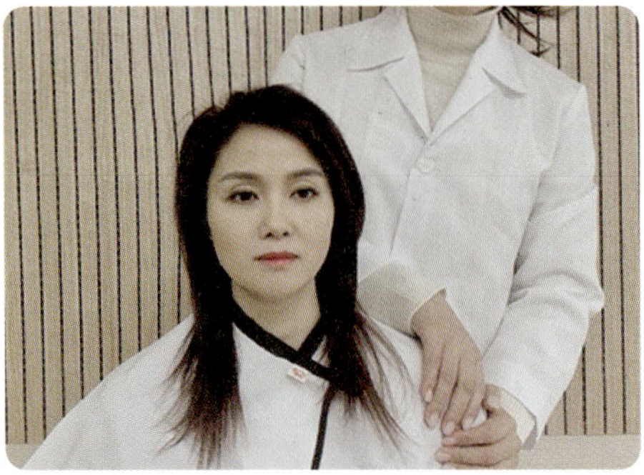

① 상박 주무르기

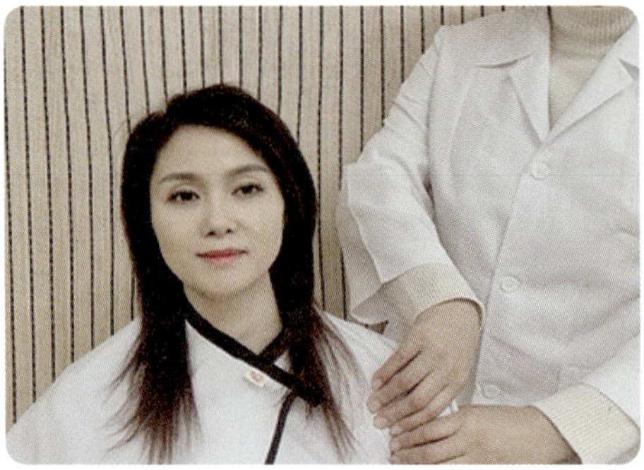

② 상박 비틀기

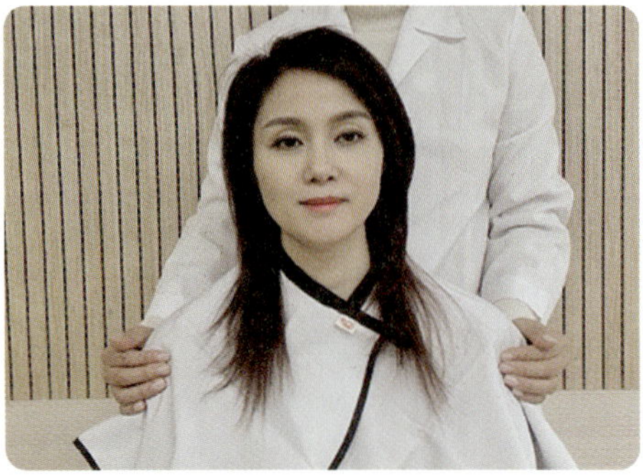

③ 상박 컵핑하기

④ 두손 들고 스트레칭

(7) 마무리 자세

① 눈 기운 정리

② 백회기운 정리

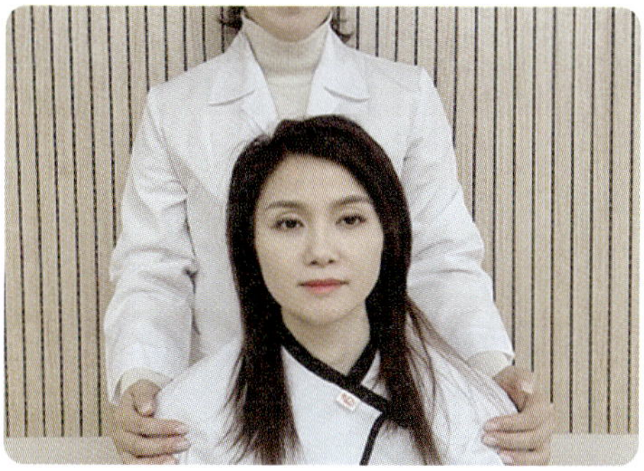

③ 어깨부터 상박 기운 정리

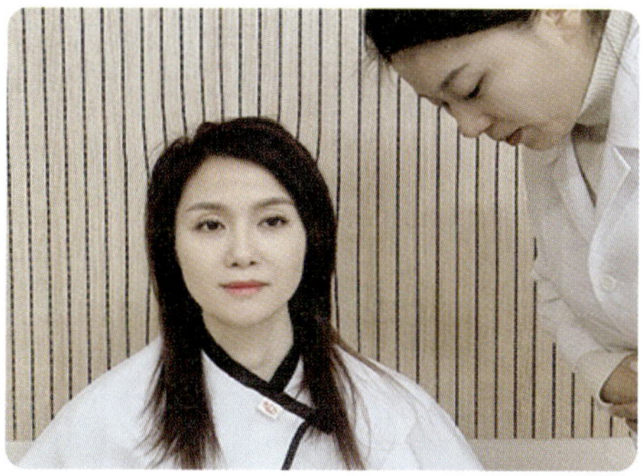

④ 마무리 인사 전달

4. 샴푸 테크닉

1) 샴푸의 중요성

두피와 모발에 먼지나 땀샘 등 세균증식과 오염의 제거를 위해 시술됨과 동시에 두피에 자극을 줌으로써 두피혈행을 도와 모발의 육성을 촉진시킨다. 또한 헤어스타일을 연출하는 데 중요한 과정의 단계임과 동시에 가장 기본적인 시술이라 볼 수 있다.

2) 샴푸의 목적

두피 및 모발을 세정하여 이상적인 문제를 해결해줌으로써 건강하게 유지시켜 혈액순환과 두발의 성장을 촉진시켜 준다.

3) 샴푸시 주의사항

- 시술자와 고객은 과한 액세서리는 착용하지 않는다.
- 고객의 샴푸받는 자세가 편안하도록 체크한다.
- 시술자의 손톱이 길지 않아야 한다.
- 샴푸 전 물의 온도가 적당한지 반드시 고객에게 물어본다.
- 고객의 얼굴에 물이 튕기지 않도록 작은 타월이나 페이스 가리개를 한다.
- 화학시술이 들어갈 고객은 두피에 자극을 주지 않는 애벌샴푸를 실시한다.
- 시술자는 고객에게 불쾌한 냄새가 전달되지 않도록 청결을 유지한다.

4) 샴푸시 사용하는 용어

- 고객을 샴푸실로 손으로 안내한다(샴푸실로 가시겠습니다).
- 샴푸의자에 불편함이 없도록 앉힌다.
- 목은 불편하지 않으십니까? 질문하여 맞춘다. 샴푸를 진행하겠습니다.
- 물 온도는 적당합니까? 질문하여 맞춘다. 샴푸를 마치겠습니다.
- 수고하셨습니다.
- 손으로 가리키며 담당 시술자 자리로 안내한다(이쪽으로오십시요).

5) 샴푸시 사용하는 매뉴얼 테크닉 기법

두피의 각질을 제거하고, 혈액순환을 촉진시켜 피지를 제거하기 위한 방법으로 두피타입에 맞게 강약을 조절하여 샴푸하여야 한다.

- 경찰법: 가볍게 문지르는 방법으로 손바닥이나 네 손가락, 엄지 등을 사용한다.
- 강찰법: 강하게 문지르는 방법으로 손바닥, 네 손가락, 엄지 등을 이용하여 피부를 누르면서 사용한다.
- 유연법: 손바닥으로 약지와 엄지를 사용하여 근육을 집었다 놨다 주물러서 근육을 풀어주는 단계로 마지막 단계에서 많이 사용한다.
- 지그재거법: 엄지 또는 네 손가락을 사용하여 지그재그로 비벼 사용한다.
- 나선형법: 엄지 또는 세 손가락으로 둥글리며 비벼 사용한다.
- 양손교차법: 전두부에서 정수리까지 지그재그 교차하며 비벼준다.
- 집어 튕기는 법: 양손을 두피를 쥐었다 놓았다하며 짧게 튕겨준다.

지그재거법: 엄지 또는 네 손가락을 사용하여 지그재그로 비벼 사용한다.

나선형법: 엄지 또는 세 손가락으로 둥글리며 비벼 사용한다.

양손교차법: 전두부에서 정수리까지 지그재그로 교차하며 비벼준다.

집어튕기는 법: 양손으로 두피를 쥐었다 놓았다하며 짧게 튕겨준다.

출처: 한국두피모발관리사협회(2012)

6) 좌식 샴푸 테크닉

고객에게 어깨보와 수건을 착용시켜 준비 단계

두피와 모발 전체에 물을 충분히 도포하는 단계
물은 두피 위주로 충분히 도포하며, 흘러내리지 않도록 주의

두피 전체에 거품이 나도록 충분히 도포하는 단계

헤어라인을 따라 나선형법으로 매뉴얼테크닉 단계

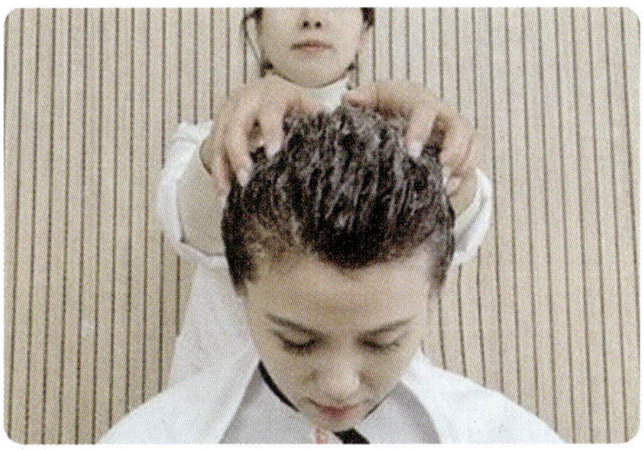
양손 또는 네 손가락으로 측두부(좌·우) 백회 방향으로 나선형법 매뉴얼테크닉 단계

양손 또는 네 손가락으로 후두부(중간·좌·우) 백회방향으로 나선형법 매뉴얼테크닉 단계

7) 와식 샴푸 테크닉

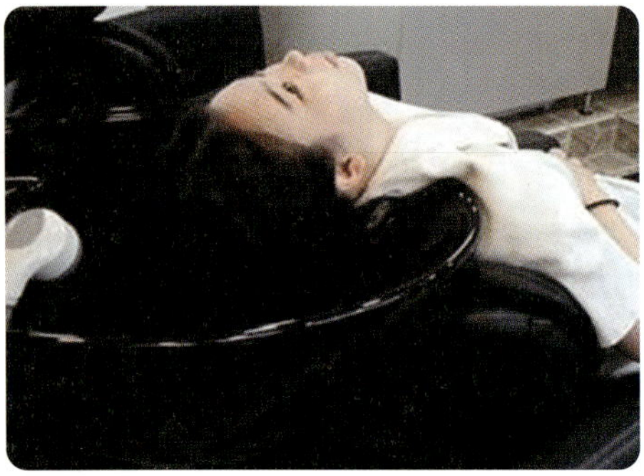

고객의 어깨에 타월을 올리고 샴푸대와 고객의 목이 편하도록 맞춘다.

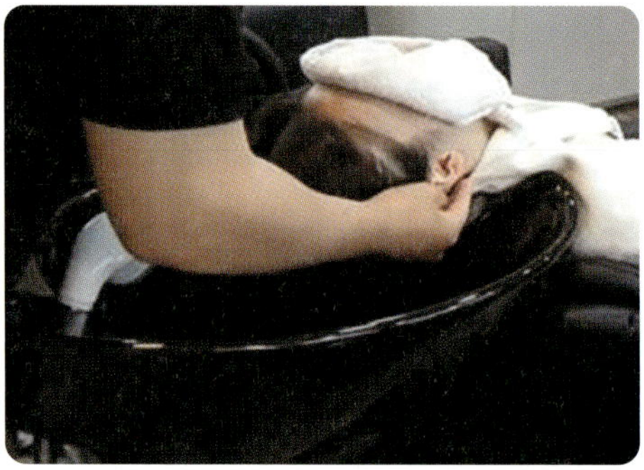

고객의 얼굴에 타월을 역삼각형으로 접어서 올린다.

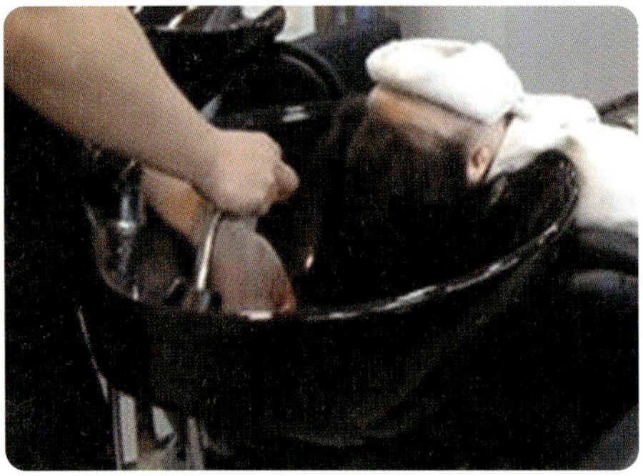

물의 온도를 손등에 맞추어 고객에게 질문하여 알맞은 온도로 조절한다.

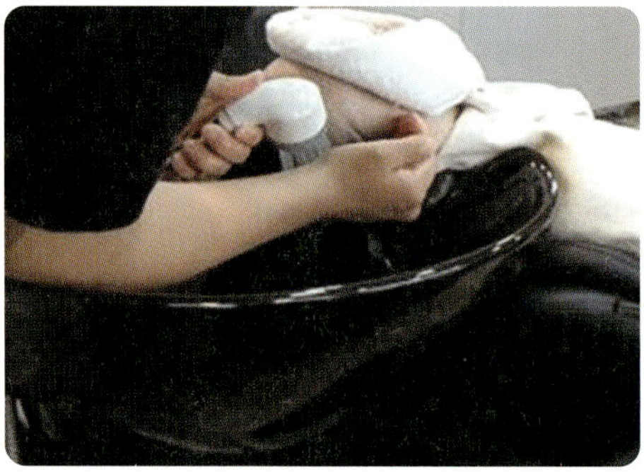

얼굴, 귀 등에 흐르지 않도록 주의하여 물을 충분히 모발 전체에 도포하여 적신다.

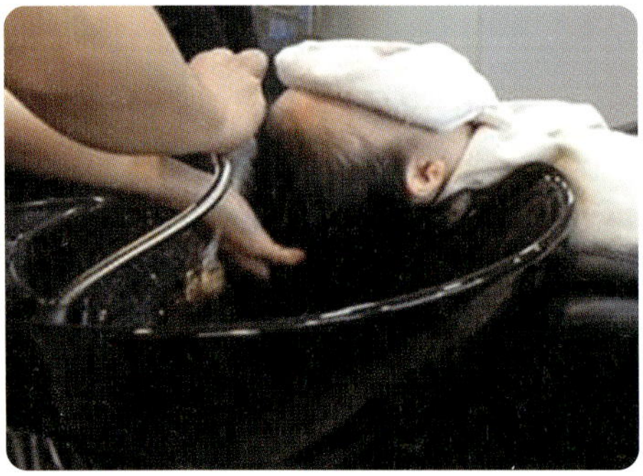

두피 전체에 충분한 물이 흡수되도록 한다.

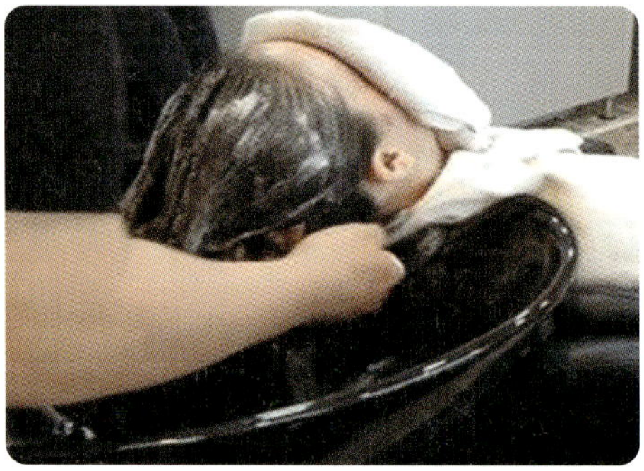

샴푸를 두피 전체에 골고루 도포하여 충분한 거품을 내도록 한다.

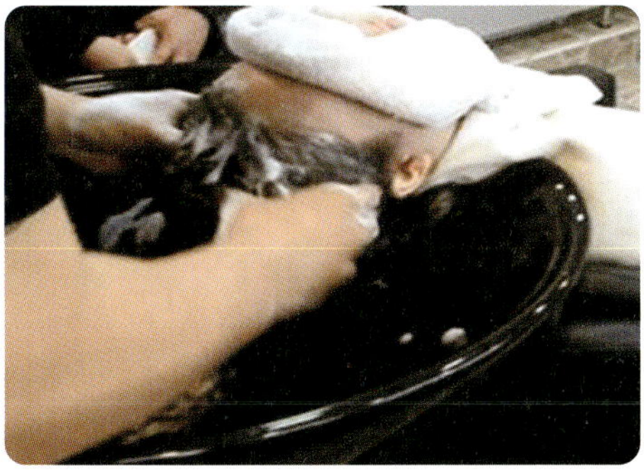

양손 교차하여 양손교차법으로 백회방향으로 두피매뉴얼테크닉한다.

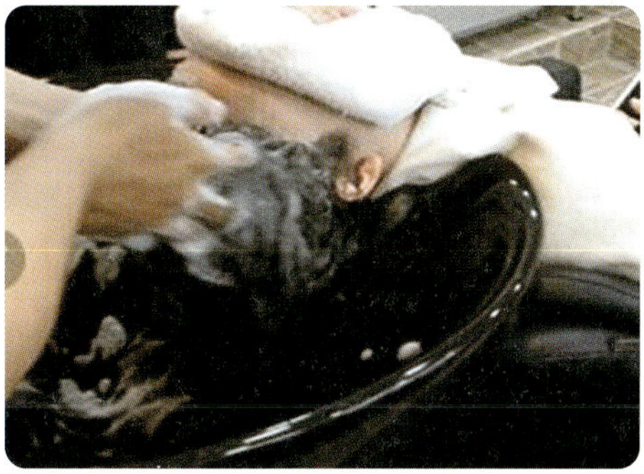

측두부(좌·우) 손바닥이 밀착되어 지그재그법 두피매뉴얼테크닉한다.

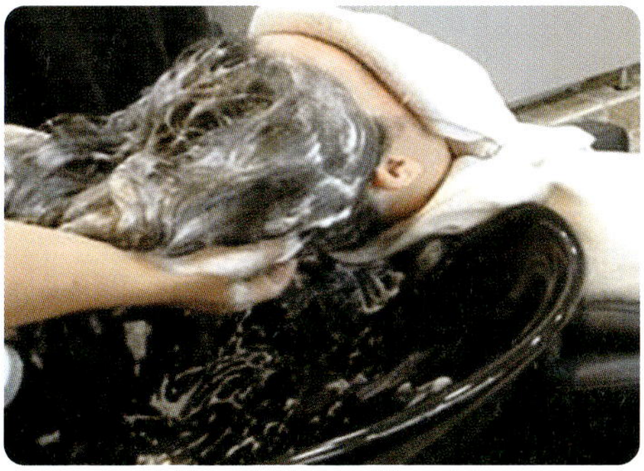

뒷목부분도 한손으로 받쳐들고 손바닥이 밀착되어 지그재그법 두피매뉴얼테크닉한다.

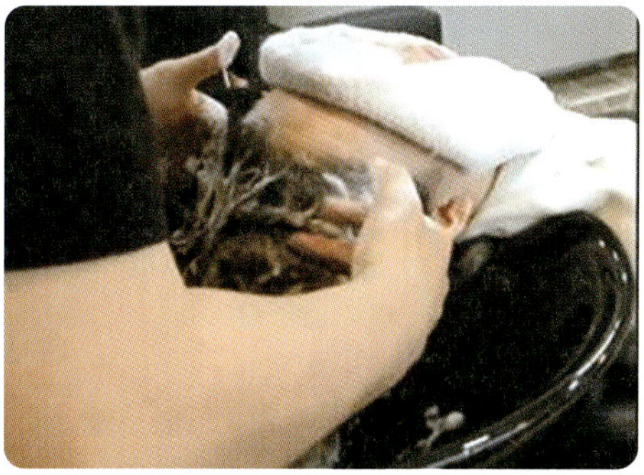

손등을 이용하여 마사지하듯이 지그재그법을 사용한다.

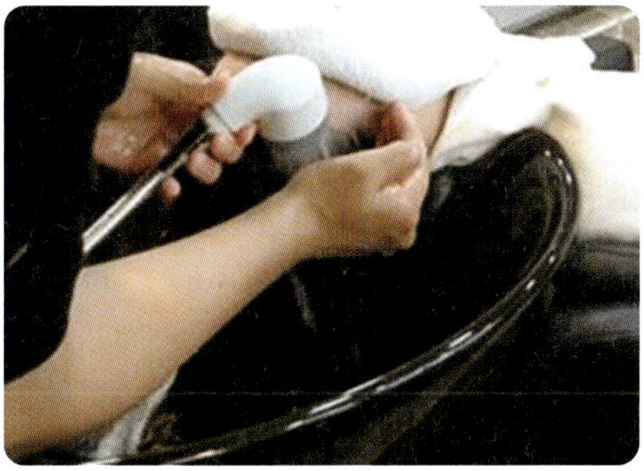

페이스 라인과 목, 귀뒤 등을 깨끗하게 헹구어 낸다.

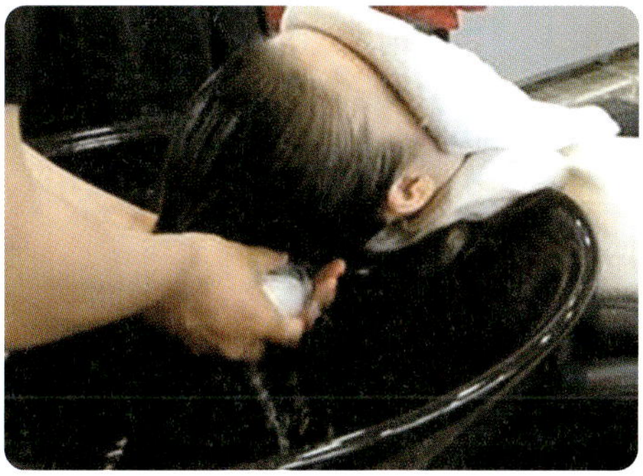

타월로 두피와 모발의 수분을 닦아내고 귀, 얼굴라인을 꼼꼼하게 닦아낸다.

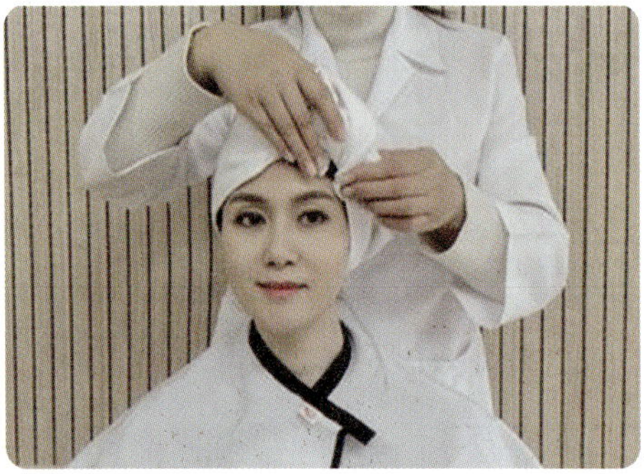

타월을 안전하게 머리에 고정시킨 후 샴푸가 끝났음을 고객에게 알리고 등이나 어깨를 받혀 올리며 "수고하셨습니다"라고 말한다. 목뒤와 어깨부분을 가볍게 지압 후 손으로 가리키며 자리로 안내한다.

8) 타월 감싸는 방법

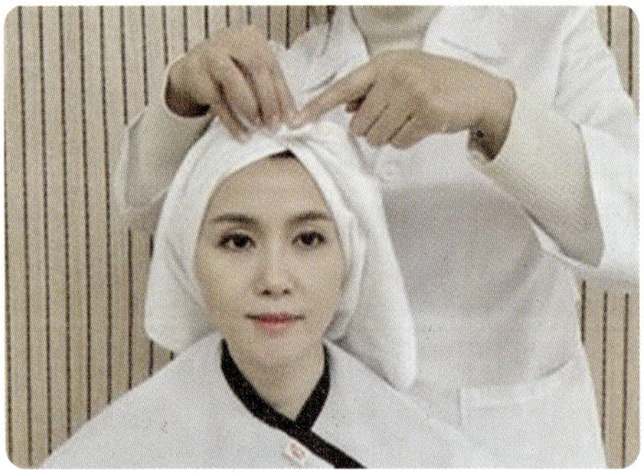

정중선을 피봇점으로 하여 타월의 끝부분이 교차되도록 머리카락 전체를 감싼다.

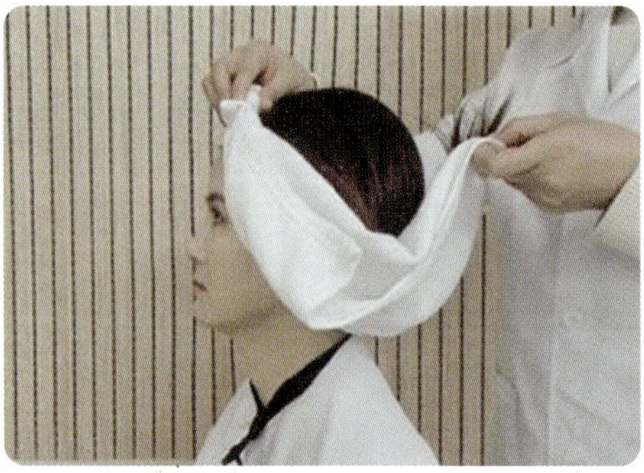

후두부부분을 타월의 정중선 피봇점으로 감싼다.

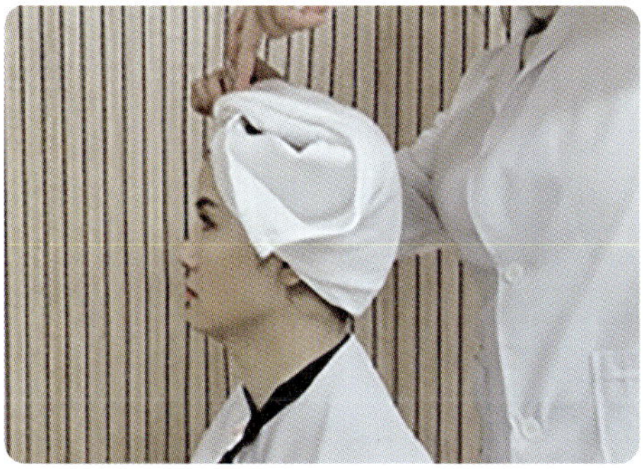

모발 전체를 감싼 후 정중선 피봇점으로 갖다 올린다.

타월을 좌, 우 교차하여 빈 곳에 넣는다.

타월을 좌, 우 교차하여 빈 곳에 넣는다.

타월의 좌, 우 교차한 한부분을 헤어라인 앞에 고정시킨다.

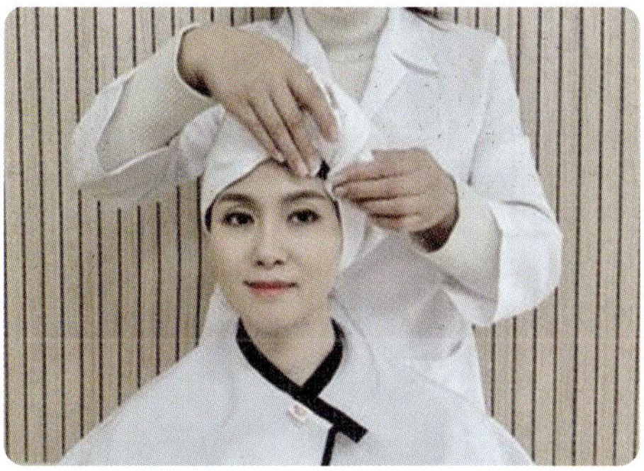

타월의 좌, 우 교차한 한 부분을 헤어라인 앞에 고정시킨다.

5. 린스 테크닉

1) 린스의 정의

린스는 본래 씻다, 헹구다라는 의미이지만, 모발의 표면에 광택을 부여하여, 모발을 부드럽게 하고 정전기를 막아주는 역할을 하는 제품이다.

2) 린스의 목적

모발이 건조해지고 푸석해지거나, 브러싱할 때 모발 정돈이 안되는 외부 환경으로부터 손상되기 쉬운 모발을 보호하기 위해서 린스제가 필요하다.

3) 린스 테크닉

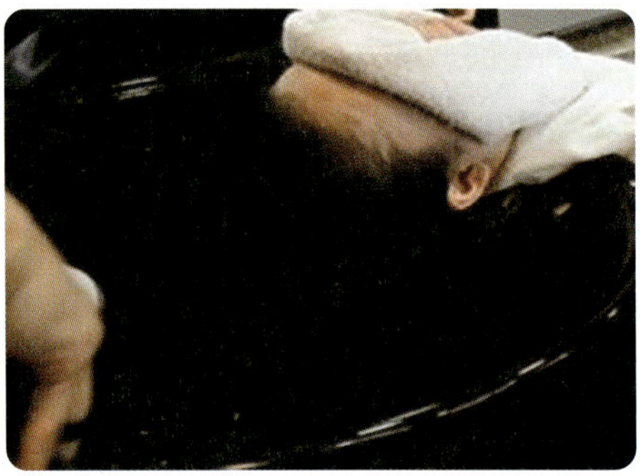

린스제를 두피에 닿지 않도록 모발에만 골고록 도포한다.

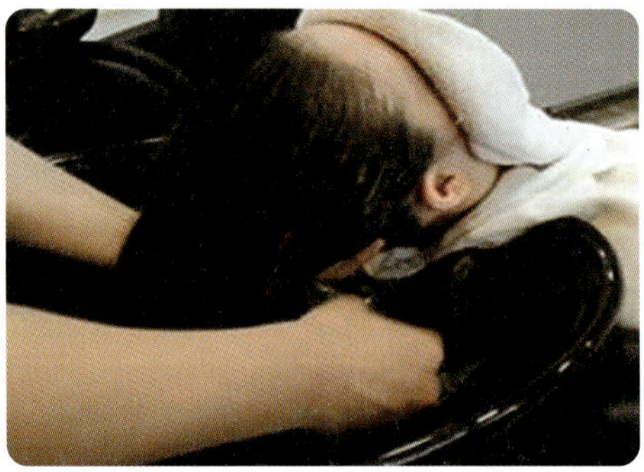

모발에 충분히 매뉴얼테크닉되도록 주물러 준 후 손바닥에 놓고 주먹으로 때린다.

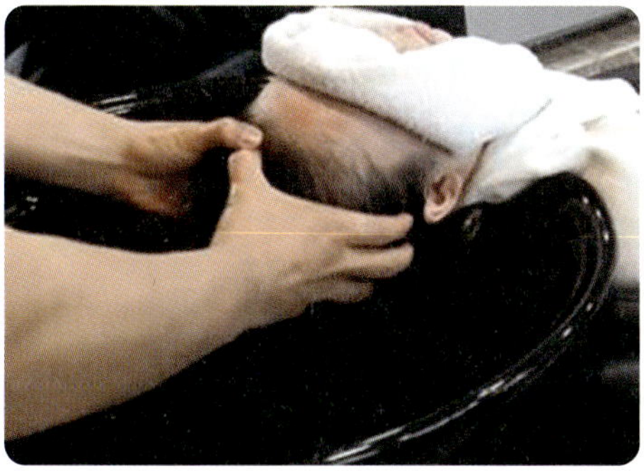

혈점을 눌러 두피매뉴얼테크닉한다.
(신정-백회)

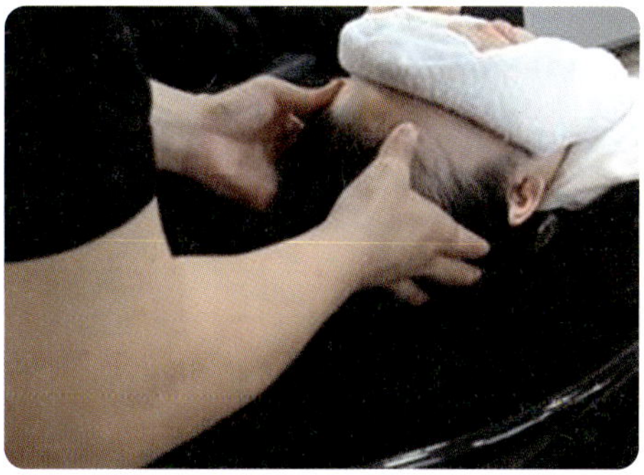

혈점을 눌러 두피매뉴얼테크닉한다.
(두유-백회)

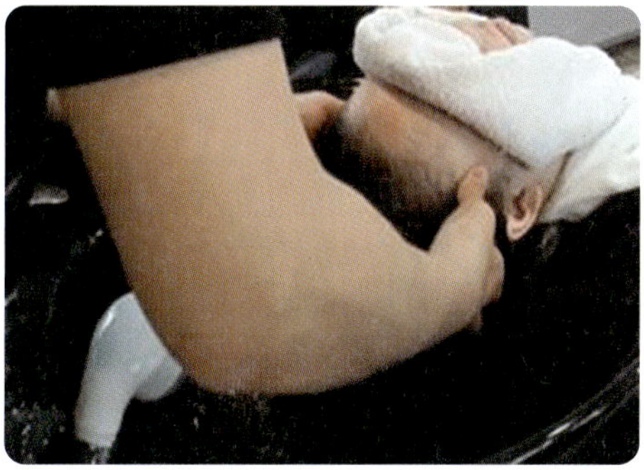

혈점을 눌러 두피매뉴얼테크닉한다.
(페이스라인)

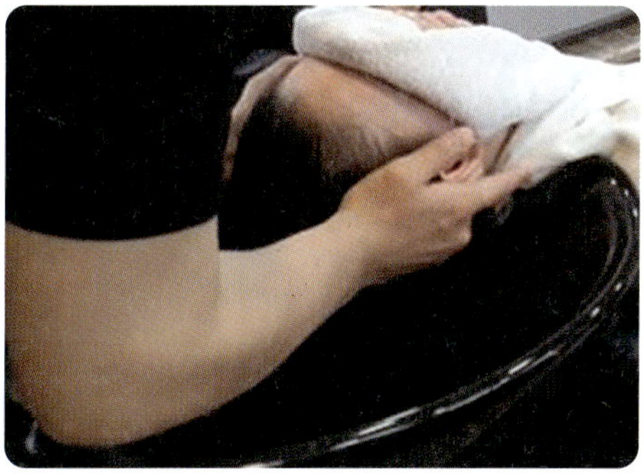

혈점을 눌러 두피매뉴얼테크닉한다.
(귀, 귀 뒤)

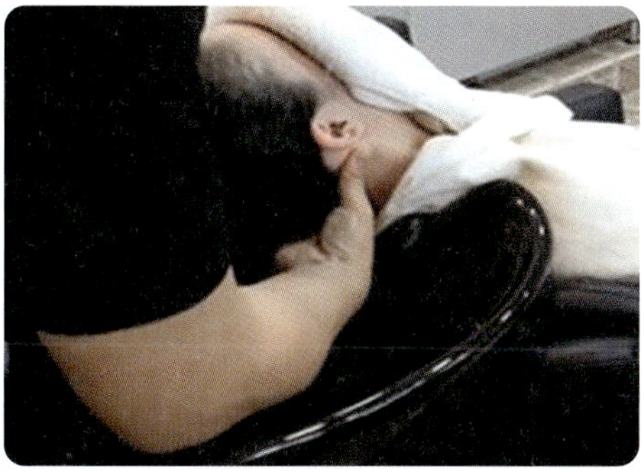

혈점을 눌러 두피매뉴얼테크닉한다(목덜미).

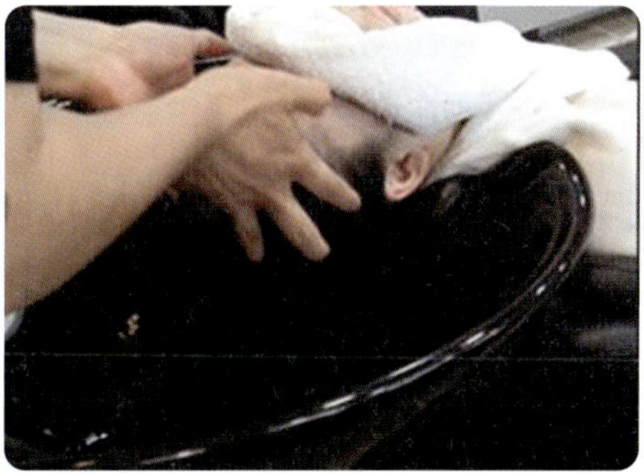

튕기는 기법으로 매뉴얼테크닉한다.

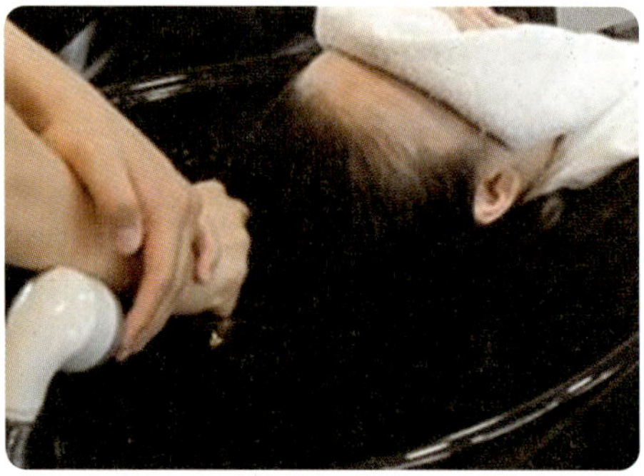

모발을 잡아서 체중을 이용하여 당겨준다.

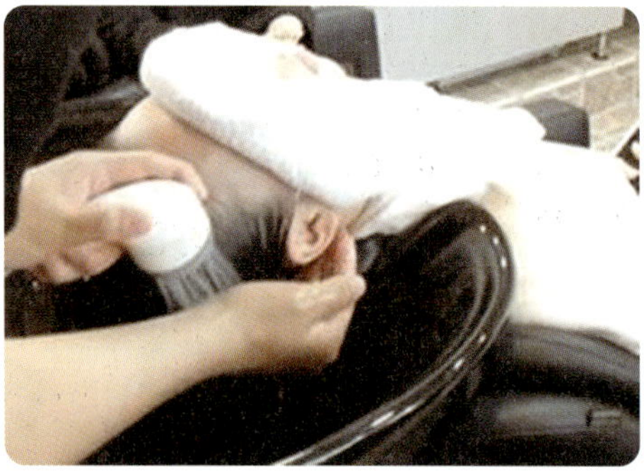

페이스라인과 목, 귀 뒤 등 깨끗하게 헹구어낸다.

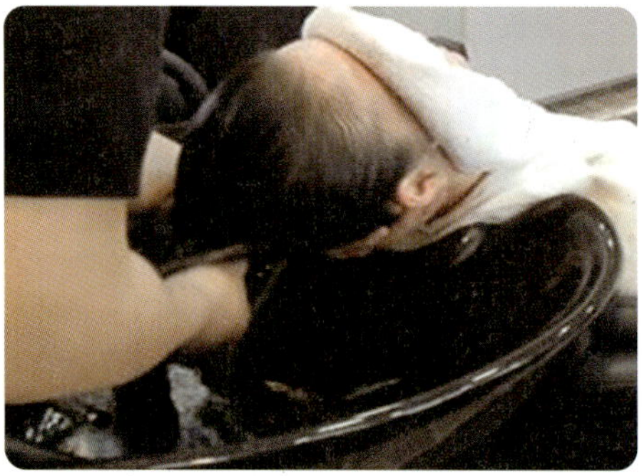

목덜미를 깨끗하게 헹구어낸다.

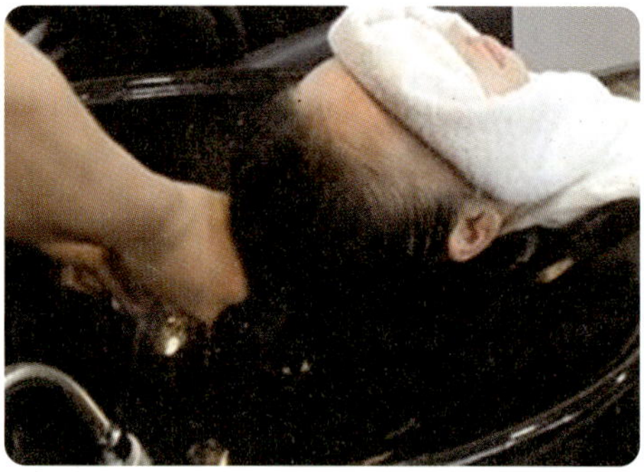

타월로 두피와 모발의 수분을 닦아내고 귀, 얼굴라인을 꼼꼼하게 닦아낸다.

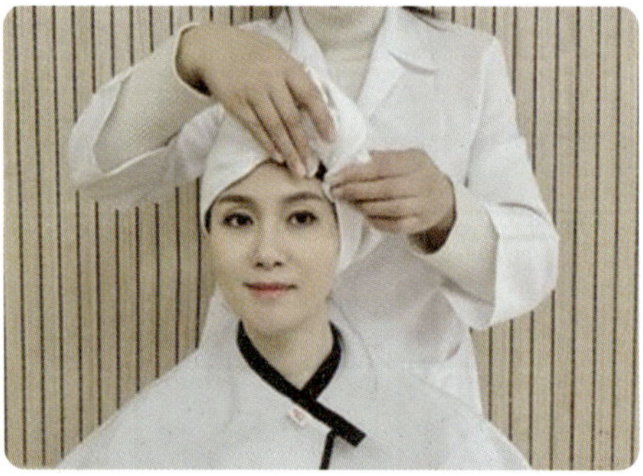

타월을 안전하게 머리에 고정시킨다.
린스가 끝났음을 고객에게 알리고 등이나 어깨를 받혀 올리며 "수고하셨습니다."
목뒤와 어깨부분을 가볍게 지압 후 손으로 가리키며 자리로 안내한다.

6. 트리트먼트 테크닉

1) 트리트먼트의 정의

치료, 처치하다는 의미로 모발과 두피의 유수분을 공급하며, 두피와 모발을 건강한 상태로 유지하고 손상된 모발은 더 이상 진행하지 않도록 보호해주는 역할이다.

2) 트리트먼트의 목적

한 번 손상된 모발을 회복하기에는 어렵다. 여러 원인에 따른 손상된 모발단계를 일시적인 치유효과가 아닌 지속적인 관리의 개념으로 되어야 한다.

chapter

09

영양공급

학·습·목·표

◈ 두피 및 모발 성장 촉진효과로 실무에 적용할 수 있다.

1. 영양공급

두피 및 모발에 영양공급을 주기 위한 단계로 두피의 건조를 억제하면서 유연성의 작용과 모근을 튼튼하게 해준다. 모발의 광택과 엉킴방지 목적도 있다.

2. 시술과정

(1) 모발정리

모발이 딸려오지 않도록 고정한 후 스틱에 앰플을 적셔 도포한다.

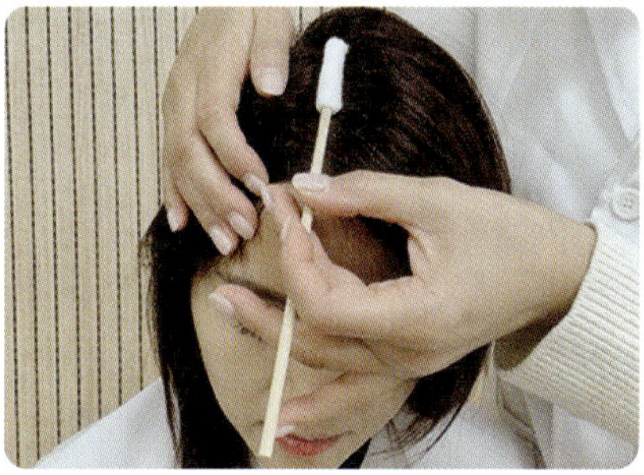

(2) 두피영양 도포

전두부~좌우~후두부(3등분) 도포

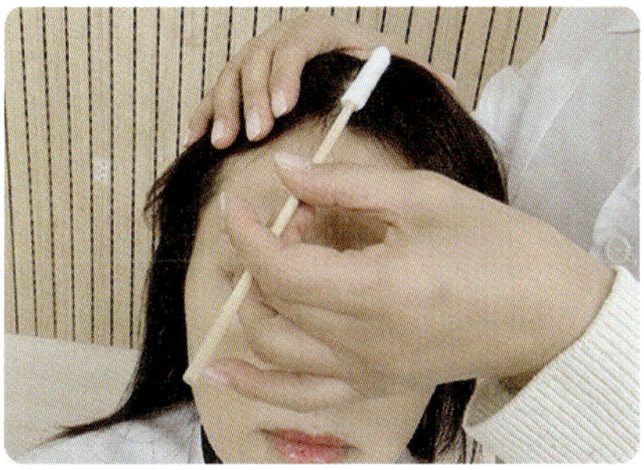

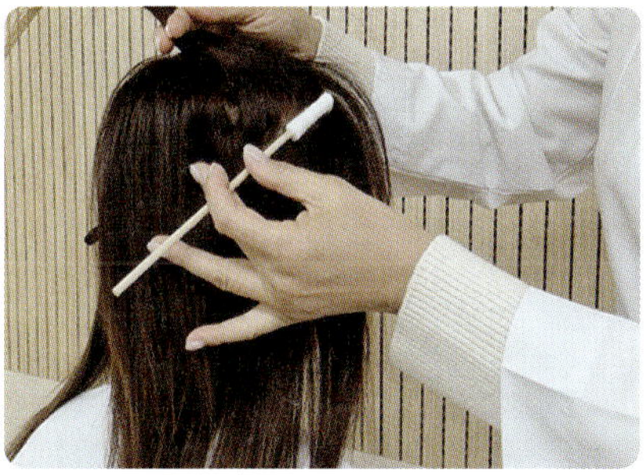

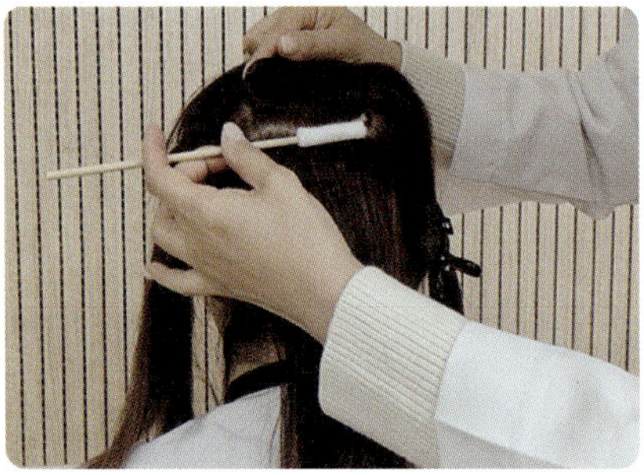 

3. 홈케어

두피는 피부의 연장선으로서 모발의 성장을 지원하는 토대 역할로 중요한 신체 부위이다.

1) 홈케어 중요성

(1) 지속적인 관리 가능

전문가의 도움은 효과적이지만 주기적으로 방문하며, 홈케어로 일상에서 꾸준히 관리할 수 있도록 노력해야 한다.

(2) 문제예방 및 초기대응

두피의 상태는 매일 조금씩 변하므로 조기에 이상 징후를 발견하고 대응하는 것이 중요하다. 홈케어를 통해 작은 문제에도 예방할 수 있도록 관리가 중요하다.

(3) 올바른 제품선택

두피와 모발상태에 따른 적합한 샴푸, 트리트먼트, 에센스를 사용하도록 한다.

(4) 정기적인 세정

두피를 깨끗하게 유지하고 유해 물질과 피지 축적을 방지하도록 한다.

(5) 생활습관

스트레스를 줄이고 충분한 수면과 외부적인 저항에 손상을 최소화하도록 한다.

chapter

10

두피모발상담관리사 예상문제

출처 : 대한두피모발전문가협회

001. **트리콜로지스트가 갖추어야 할 필수요건으로 맞지 않는 것은?**

① 두피와 모발의 전문가적인 분석능력

② 전문관리 제품에 대한 지식과 활용능력

③ 상태별보다는 주관적인 관리시술과 테크닉

④ 신뢰감을 주는 상담능력

002. **두피관찰과 진단의 실제에 있어 촉진법으로 분석할 수 있는 것으로 옳지 않은 것은?**

① 각질상태 ② 피지량

③ 모구상태 ④ 탄력, 두께 정도

003. **문진법으로 정확히 파악할 수 있는 내용이 아닌 것은?**

① 식사 ② 생활습관

③ 수면 ④ 두피타입

004. **기본 두피관리의 순서로 가장 알맞은 것은?**

① 지식습득 - 상담 - 프로그램선택 - 관리 - 홈케어지도

② 지식습득프로그램선택 - 상담 - 진단 - 관리 - 홈케어지도

③ 지식습득 - 상담 - 진단 - 프로그램선택 - 홈케어지도

④ 상담 - 진단 - 프로그램선택 - 관리 - 홈케어지도

005. 두피 및 모발 실제 관리시술 순서가 바른 것은?

① 상담 - 진단 - 스케일링 - 샴푸 - 영양공급 - 특수관리 - 홈케어

② 상담 - 스케일링 - 샴푸 - 진단- 영양공급 - 샴푸 - 특수관리 - 홈케어

③ 상담 - 샴푸 - 영양공급 - 진단 - 스케일링 - 샴푸 - 특수관리 - 홈케어

④ 상담 - 스케일링 - 진단 - 샴푸 - 영양공급 - 특수관리 - 홈케어

006. 관리사의 개인위생과 거리가 먼 것은?

① 밝은 계통의 청결하고 세탁이 편리한 위생복을 착용한다.

② 손톱은 항상 짧게 하고 단정하게 한다.

③ 외적으로 장신구 및 액세서리를 하여 항상 세련되게 한다.

④ 구강 구취에 신경을 쓴다.

007. 고객을 대할 때의 예절과 관계가 없는 것은?

① 전문가로서 고객에게 친절로서 대한다.

② 전화예절은 관리사의 인격과 관리실의 수준을 높이고 고객이 평을 할 수 있다.

③ 훌륭한 언어를 사용하고 예의 있게 행동한다.

④ 상대방의 마음을 읽고 고객보다 한발 앞서 얘기하며 손님을 이끌도록 한다.

008. 상담 중 두피분석의 목적이 아닌 것은?

① 두피(피부)상태를 결정하여 적절한 트리트먼트를 선택하기 위해

② 고객의 나이와 건강상태를 관찰하여 두피(피부)분석의 중요한 요소로 상기한다.

③ 고객에게 제품을 판매하기 위해

④ 고객의 두피(피부)타입을 알아 올바른 관리를 하기 위해

009. 트리콜로지스트의 복장 및 위생 상태가 바르지 않은 것은?

① 균형잡힌 자세를 취해야 한다.

② 손톱, 머리상태, 복장을 깨끗하게 하여야 한다.

③ 앉아 있을 때는 의자 뒤에 엉덩이를 붙여서 앉는다.

④ 다리를 꼬고 앉지 말고 높은 굽의 구두를 착용한다.

010. 다음 트리콜로지스트의 역할 중 전문가로서의 역할에 해당하지 않는 것은?

① 인체의 구조 ② 영양학

③ 기기학 ④ 심리학

011. 탈모 고객에 대한 홈케어 지도 내용 중 적절하지 못한 것은?

① 충분한 수면 시간을 권유한다.

② 샴푸 세정은 오전에 하도록 권유한다.

③ 담배와 술의 자제를 권유한다.

④ 집에서 족욕을 하도록 권유한다.

012. 고객카드 작성을 위한 상담 시 유의해야 할 점 중 틀린 것은?

① 유전적 소인은 부계는 물론 반드시 모계도 기록한다.

② 수면시간은 시간대보다는 시간의 양에 준한다.

③ 직업은 탈모를 예상하는데 중요한 요인이 된다.

④ 고객의 식생활 중 다이어트 경력을 반드시 체크한다.

013. 두피 및 모발 상태에 따른 진단으로 잘못된 것은?

① 모발, 두피상태를 파악한다.

② 모근이 정상인지 파악한다.

③ 유전적인 요인이므로 열심히 관리프로그램을 설정한다.

④ 탈모의 유형과 상태를 판단한다.

014. 상담의 목적이 아닌 것은?

① 정보와 지식전달로 고객의 인식이나 태도를 바꾸게 한다.

② 개선된 생활습관을 지니도록 도와준다.

③ 관리사의 지시대로 무조건 따르게 한다.

④ 고객의 잘못된 부분을 스스로 깨닫게 한다.

015. 관리사의 개인관리와 거리가 먼 것은?

① 외적으로 분위기 있게 액세서리를 세련되게 한다.

② 밝은 계통의 청결하고 세탁이 편한 위생복을 착용한다.

③ 향수 및 구취에 신경 쓴다.

④ 손톱은 항상 짧게 단정하게 한다.

016. 상담 시 내담자의 마음을 열도록 도와주는 항목이 아닌 것은?

① 신중히 자세히 듣는다.

② 공감대를 형성시켜 준다.

③ 경청한다.

④ 내담자의 잘못을 따진다.

017. 상담자의 자질에 해당되지 않는 것은?

① 침착한 성품 ② 논리적인 답변

③ 친절한 태도 ④ 아름다운 외모

018. 발모 효과에 대한 큰 기대를 지니고 있는 고객 상담법이 아닌 것은?

① 탈모의 원리 ② 관리기간

③ 관리비용 ④ 관리의 효과 및 한계

019. **다음 중 관리사의 상담 태도로 바르지 않은 것은?**

① 정확한 전문 지식 전달

② 비교분석을 통한 상담

③ 비 효과에 대한 고객의 책임전가

④ 고객의 심리적인 상담

020. **관리 종결 후 상담내용에 속하지 않은 것은?**

① 관리에 대한 만족도

② 추후 발생할 수 있는 두피현상에 대한 설명

③ 문제성 두피에 관한 제 설명 및 가격

④ 정기적인 관리에 대한 필요성 설명

021. **관리 종결 후 상담 시 주요 사항은?**

① 지나친 재 티켓팅 유도

② 센터에서의 전문적인 관리 유도

③ 불만족 시 고객의 책임 전가

④ 새로운 고객 유치

022. **상담 후 고객의 준수사항에 해당되지 않은 것은?**

① 상담자/관리자의 조언의 행동실천

② 관리기간 중 발생하는 이상 현상 묵인

③ 복용하는 약제 상담

④ 홈 케어와 철저한 관리

023. **관리센터에서 갖춰야 할 사항이 아닌 것은?**

① 전문적인 지식

② 다양한 제품에 관한 임상테스트

③ 지나친 빠른 기대 효과

④ 충분한 상담

024. **기초대사량(B.M.I)이란 무엇인가?**

① 1일 필요한 열량

② 생명유지에 필요한 최소의 열량

③ 영양분의 소화, 흡수과정에 필요한 에너지

④ 생체가 생존하기 위한 열량

025. **우리의 인체를 구성하는 원소 중 유기물을 만드는 것이 아닌 것은?**

① 탄소　　② 산소

③ 칼슘　　④ 질소

026. 인체의 구성원소 중 차지하는 비율이 큰 것부터 순서대로 된 것은?

① 산소 〉 탄소 〉 수소 〉 질소

② 질소 〉 산소 〉 탄소 〉 수소

③ 수소 〉 산소 〉 질소 〉 탄소

④ 탄소 〉 수소 〉 산소 〉 질소

027. 세포간 특정물질로, 세포를 서로 강하게 연결, 결합시키는 역할을 하는 것은?

① 데스모솜
② 융합막
③ 틈새결합
④ 세포질막

028. 순환기 계통에 포함되지 않은 것을 고르시오.

① 혈액
② 심장
③ 모세혈관
④ 세포액

029. 다음은 혈액의 구성에 대한 설명이다. 이 중 틀린 것은?

① 성인의 혈액 총량은 약 5~6L이다.

② 혈액은 약 45%의 혈장과 약 55%의 혈구성분으로 구성되어 있다.

③ 혈액은 선홍색의 동맥혈과 암적색의 정맥혈이 있다.

④ 혈액은 불투명하며 점성의 액체로 80%의 수분을 포함한다.

030. **혈액이 운반하는 물질과 조직세포에서 생긴 물질을 실제로 교환하는 곳은?**

① 심장 ② 허파
③ 모세혈관 ④ 신장

031. **몸의 한 부분의 상황을 다른 부분으로 연락할 때 신경이 담당한다. 이때 한 신경세포에서 다음 신경세포로 시냅스를 통해 전달할 경우 주로 어떤 현상을 통해서 전달하는가?**

① 화학적 현상 ② 물리적 현상
③ 전기적 현상 ④ 생물학적 현상

032. **당질이 체내에서 대사될 때 꼭 필요한 영양소는 무엇인가?**

① V.B1 ② 단백질
③ V.D ④ V.B6

033. **요오드(I)를 많이 함유하고 있는 식품은?**

① 채소 ② 다시마
③ 간 ④ 쌀

034. 다음 설명 중 틀린 것은?

① V.A - 부족시 피부를 각화시킨다.

② V.B - 부족시 지루성 피부염이나 빈혈이 생긴다.

③ V.C - 세포내의 호흡을 활발하게 하고 혈액순환을 좋게 한다.

④ V.E - 말초혈관을 수축하여 혈행을 좋게 하므로 혈색이 좋은 피부를 만든다.

035. 어린이 성장이 늦어지고 어른은 체중의 손실을 가져올 수 있는 영양소는?

① 지방
② 아스코르빈산
③ 단백질
④ 나이아신

036. 연수, 뇌교, 중뇌, 간뇌를 통틀어 무엇이라 하는가?

① 중뇌 (midbrain)
② 뇌간(brain Stem)
③ 전뇌(forebrain)
④ 중추신경계(CNS)

037. 인체에 있는 많은 감각수용체가 자극을 받으면 계속 뇌로 전달한다. 이때 일어나는 중요한 현상이 아닌 것을 고르시오.

① 정보들은 뇌에 저장된다.

② 정보들은 뇌에 저장되지 않는다.

③ 뇌로 명령을 유발시켜 적절한 운동을 하게 한다.

④ 척수에서 바로 반작용을 나타낸다.

038. **호르몬의 일반특성을 바르게 나타낸 것은?**

① 호르몬은 여러 대사반응의 속도를 조절하지 못한다.

② 호르몬은 직접 세포내의 화학반응을 하지 않는다.

③ 호르몬은 세포막의 투과성을 변화시키지 못하며 물질의 이동을 조절할 수 없다.

④ 호르몬은 생식에만 영향을 주고 발달과 성장에는 중요하지 않다.

039. **뇌하수체 전엽 호르몬의 표적기관과 분비되는 호르몬의 연결이 바르지 못한 것은?**

① 갑상선-티록신

② 고환-테스토스테론

③ 황체형성호르몬과 프로게스테론

④ 테스토스테론과 에스트로겐

040. **생체 내 여러 분비기간에서 생성되며 혈액과 체액을 통하여 표적세포로 운반되면서 특수한 생리작용을 나타내는 물질을 무엇이라 하나?**

① 혈액　　② 임파액

③ 생식선　　④ 호르몬

041. **뼈의 유조직의 성장을 자극하며 단백질과 지방, 탄수화물의 대사에 영향을 주는 호르몬은?**

① 성 호르몬 ② 성장 호르몬
③ 갑상선 ④ 부신피질 호르몬

042. **뇌의 기저부에 위치하고 있는 시상하부에 분비되는 호르몬은?**

① 갑상선 호르몬 ② 뇌하수체 호르몬
③ 성선자극 호르몬 ④ 부신피질 호르몬

043. **갑상선 호르몬에 대한 설명 중 틀린 것은?**

① 주요 호르몬은 티록신과 티로닌이다.
② 갑상선 기능 저하증은 탈모와 모발과 손톱의 갈라짐, 피부건조 등을 가져온다.
③ 갑상선 기능항진은 혈당을 떨어지게 하여 저혈당증을 가져온다.
④ 기능저하증과 항진증 모두 갑상선이 비대하여 생긴다.

044. **난소에 작용하여 난포 발육, 에스트로겐 합성의 촉진, 피부의 기미, 투명도, 혈액순환은 좋게 하는 호르몬은?**

① 난포 호르몬(FSH) ② 황체 호르몬(LH)
③ 성장 호르몬(GH) ④ 유선 호르몬(PRL)

045. **단백질은 무엇의 화합으로 구성되어 있는가?**

① 무기질 ② 아미노산

③ 비타민 ④ 탄수화물

046. **단백질에 대한 설명 중 틀린 것은?**

① 소장에서 아미노산 형태로 흡수된다.

② 피부의 탄력과 수분을 유지한다.

③ 각종 질병에 대한 면역체와 항독 물질의 주성분이다.

④ 피부구성 성분 중 약간을 차지한다.

047. **지방에 대한 설명으로 옳은 것은?**

① 피하 근육사이, 내장 주위에 저장되어 있어 신체 곡선미를 나타내준다.

② 소장에서 아미노산 형태로 흡수된다.

③ 주 식품은 달걀, 우유, 생선이 속한다.

④ 당질로서 곡류, 감자류, 설탕류 등의 주성분이다.

048. **칼슘에 대한 설명으로 옳은 것은?**

① 부족 시 뼈와 치아의 쇠퇴 및 발육 불량이 나타난다.

② 근육 및 신경의 자극전도, 삼투압조절에 작용한다.

③ 체내의 삼투압을 조절한다.

④ 인체의 생리기능조절에 중요한 역할을 한다.

049. 적혈구 속의 헤모글로빈에 함유되어 있고 산소운반에 중요한 구실을 하는 무기질은?

① 나트륨 ② 식염
③ 마그네슘 ④ 철분

050. 피부를 부드럽게 하여 수분을 흡수하는 성질이 있어 공기속의 습기를 흡수하여 피부에 윤택 작용을 하는 것은?

① 트레오닌 ② 아미노산
③ 포도당 ④ 글리세린

051. 다음 비타민 중에서 어느 비타민이 부족하면 비듬이 많이 생기는가?

① 비타민B1 ② 비타민VA
③ 비타민D ④ 비타민E

052. 모발의 영양 공급에서 가장 중요한 것은?

① 당분의 공급 ② 단백질의 공급
③ 지방분의 공급 ④ 섬유질의 공급

053. **남성형 탈모의 원인은?**

① 에스트로겐의 과다 생성 때문이다.

② 알레르기, 유전, 자율신경 이상 등이 원인이다.

③ 땀의 과다 분비 때문이다.

④ Testosterone이 5RD의 영향으로 DHT로 바뀌면서 탈모가 일어난다.

054. **다음 중 티록신 분비가 적어짐으로써 생기는 티록신 결핍증을 치료하기 위한 방법으로 가장 적합한 것은?**

① 운동

② 미역 등의 요오드 성분 섭취

③ 칼슘의 섭취

④ 티록신 호르몬을 인위적으로 투여

055. **다음 중 뼈 속에 저장된 칼슘을 유리시켜 혈액의 칼슘 농도를 높이는 것은?**

① 알도스테론

② 부갑상선 호르몬과 비타민 D

③ 프로락틴

④ 칼시토닌

056. **남성 호르몬이 생산되는 곳은 어디인가?**

① 세정관(seminiferous tubule)

② 라이디히세포(Leydig's cell)

③ 정낭(seminal vesicle)

④ 쿠퍼씨선(Couper;s gland)

057. 다음 중 남성호르몬의 분비를 자극하고 증가시키는 것은 어느 것인가?

① 에스트로겐
② 테스토스테론
③ 여포자극호르몬
④ 황체형성호르몬

058. 모발의 구조를 잘못 설명한 것은?

① 피지선: 모낭 아래 위치하며 피지를 분비하여 윤기를 준다.
② 모모세포: 모유두로 영양과 산소를 받아 모발을 만든다.
③ 모근: 두피 아래 모낭속에 있는 모발을 말한다.
④ 모유두: 혈관과 림프관을 통해 산소와 영양분을 공급 받는다.

059. 다음 중 표피세포의 구성순서가 바르게 된 것은?

① 기저층-과립층-유극층-투명층-각질층
② 유극층-투명층-과립층-각질층-기저층
③ 각질층-투명층-과립층-유극층-기저층
④ 각질층-투명층-유극층-과립층-기저층

060. 표피 중 말피기층이라고도 하며 표피의 대부분을 차지하는 Keratin fibrils가 많아지는 층은?

① 과립층
② 유극층
③ 각질층
④ 투명층

061. **피하조직에 대한 설명 중 틀린 것은?**

① 혈관, 림프관, 신경관 등이 연결되어 있다.

② 노폐물과 이산화탄소를 거두어 들인다.

③ 여성보다는 남성이, 성인보다는 소아가 발달되어 있다.

④ 에너지를 저장하고 열 이동 차단, 체온발산을 막는 역할을 한다.

062. **대한선에 대한 설명으로 틀린 것은?**

① 아포크린선이라고도 하며 소한선보다 크다.

② 귀 언저리, 겨드랑이, 젖꼭지, 배꼽, 음부 등 몸의 전체에 분포되어 있다.

③ 소한선의 담보다 농도가 짙고 독특한 냄새가 난다.

④ 겨드랑이에서 악취가 나는 것을 '액취증' 또는 '암내'라고 한다.

063. **탈모 방지에 좋은 음식으로 짝지은 것이 아닌 것은?**

① 콩, 찹쌀　② 두부, 우유

③ 달걀노른자, 호두　④ 버섯, 커피

064. **수분이 인체에 미치는 영향으로 틀린 것은?**

① 신체의 대사를 도와 영양분을 용해, 소화흡수를 용이하게 함

② 체온조절기능

③ 피부에 수분 부족 시 탄력성 저하와 노화촉진

④ 신경과 근육의 흥분

065. **수분 결핍 시 인체에 나타나는 현상으로 틀린 것은?**

① 피부가 거칠어진다.

② 피부가 건조해지며 윤기와 탄력을 잃는다.

③ 염증을 유발하여 트러블이 야기된다.

④ 체온이 올라간다.

066. **사람의 혈액에 존재하는 유일한 당질은 무엇인가?**

① 포도당 ② 과당

③ 전화당 ④ 맥아당

067. **신체 내에서 뼈와 치아에 석회화 및 에너지 대사에 작용하며 유전정보를 전달하는 기능을 가진 영양소는 무엇인가?**

① 인 ② 마그네슘

③ 철 ④ 요오드

068. **비타민A의 결핍증으로 잘못 설명된 것은?**

① 한선과 피지선의 활동 퇴화

② 표피성정과 색소침착

③ 모발조기 퇴색

④ 손톱의 갈라짐

069. **다음의 설명으로 알 수 있는 호르몬의 종류는 무엇인가?**

① 성장 호르몬 ② 갑상선 자극 호르몬
③ 부신피질 호르몬 ④ 성선 호르몬

070. **다음 중 두피의 작용으로 틀린 것은?**

① 보호작용 ② 체온조절작용
③ 흡수작용 ④ 저장기능

071. **모발은 세포분열과정 중 어디에서 만들어지는가?**

① 외배엽 ② 중배엽
③ 내배엽 ④ 수정란

072. **다음 중 모발의 기능에 대한 설명 중 틀린 것은?**

① 외부의 물리적 충격으로부터 완충작용함.
② 외부의 오염물질로부터 인체를 보호해줌.
③ 눈썹과 속눈썹은 햇빛, 땀방울로부터 눈을 보호해줌.
④ 헤어스타일의 연출에 따라 인상변화없다.

073. **모발의 굵기에 따른 종류에 대한 설명 중 틀린 것은?**

① 모근의 형성과 함께 만들어진 첫번째 털을 취모라 한다.

② 경모는 변형이 어렵고 호르몬의 영향을 받는 특징을 지닌다.

③ 연모에는 모수질이 존재하고 모발의 색이 갈색을 띤다.

④ 연모는 남성이 여성에 비해 빨리 찾아온다.

074. **큐티클층이 관찰되지 않고 임신 8개월 정도 지나면 모낭에서 탈락되는 모발은?**

① 연모 ② 경모

③ 종모 ④ 취모

075. **모발의 형태 중 매우 강한 곱슬머리이며 횡단면의 모양이 납작하거나 다양한 모양의 부정형인 모발은?**

① 직모 ② 파상모

③ 축모 ④ 경모

076. **모발형태에 대한 설명 중 틀린 것은?**

① 모발이 직모이면 다른 신체부위도 직모이다.

② 직모는 굵기가 굵으며 횡단면이 원형에 가깝다.

③ 파상모의 횡단면의 모양은 타원형에 가깝다.

④ 흑인종의 모발은 축모에 속한다.

077. 모낭의 형성과정이 바르게 된 것은?

① 모항기-전모아기-모아기-모구성 모항기

② 전모아기-모아기-모항기-모구성 모항기

③ 전모아기-모항기 -무구성 모항기-모아기

④ 모항기-모아기-모구성 모항기-전모아기

078. 배아층이 진피층에서 진입하는 단계이며 발달된 중간층 세포가 배아층 세포 속으로 진입하는 단계는?

① 전모아기　② 모아기

③ 모항기　④ 모구성모항기

079. 다음 설명 중 틀린 것은?

① 모발 형성이 항상 지속적으로 이루어지는 것이 아니라 주기성을 갖는 것을 모주기라 한다.

② 모세혈관으로부터 영양 공급을 받아 새로운 모발이 생성되어 성장하는 단계를 성장기라 한다.

③ 퇴행기는 모낭이 위축되면서 세포분열이 정지되는 단계이다.

④ 모발이 곤봉모양 같이 빠지는 단계가 퇴행기이다.

080. 부위별 성장속도가 맞는 것은?

① 수염: 4-5년　② 액와모: 3-4년
③ 음모: 1-2년　④ 속눈썹: 1-2년

081. 모발의 기원이 되는 세포로 모유두로부터 영양공급을 받아 세포분열하는 것은?

① 모모세포　② 모유두
③ 모낭　④ 모구

082. 발생시 간엽세포로부터 유래하며 혈관이 통하는 부분으로 모발의 상태 및 굵기를 결정짓는 작용하는 것은?

① 모모세포　② 모유두
③ 모낭　④ 모구

083. 모근을 둘러싸고 있는 주머니이며 두피밖으로 나오는 모발을 보호하는 기능과 각질화되어 두피각질과 함께 떨어져 나가는 것은?

① 모모세포　② 모유두
③ 모낭　④ 모구

084. 모근부에 속하는 것은?

① 모피질 ② 피지선

③ 모낭 ④ 모구

085. 기모근에 대한 설명 중 맞는 것은?

① 모낭 위에서 1/3지점에 부착되어 있다.

② 피부와 모발에 윤기를 제공한다.

③ 남성호르몬은 피지 분비 촉진, 여성호르몬은 피지 분비 억제작용한다.

④ 추위나 공포를 느끼면 수축하고 소름을 돋게 한다.

086. 내모근초에 대한 설명 중 틀린 것은?

① 표피의 가장 안쪽인 기저층에 접하고 있다.

② 위에서 아래로 단층의 기와모양으로 겹쳐져 있다.

③ 초표피, 헉슬리층, 헨레층으로 구성되어 있다.

④ 모표피와 더불어 기와모양의 표피가 되어 표피문리를 형성한다.

087. 모표피에 대한 설명 중 틀린 것은?

① 모발의 10-15%를 차지한다.

② 모발의 가장 바깥층으로 비늘모양으로 되어 있다.

③ 모발의 색을 결정해준다.

④ 에피큐티클, 엑소큐티클. 엔도큐티클의 구조로 되어 있다.

088. 피질세포의 집합체로 모발의 대부분이 85-90%를 차지하며 피질세포와 세포간 결합물질로 구성된 것은?

① 모피질 ② 모표피
③ 모수질 ④ 간충물

089. 간충물질의 특징 중 틀린 것은?

① 모발 전체의 50%를 차지한다.
② 시스틴 아미노산의 함유량이 많다.
③ 간충물질의 성분은 C-케라틴, 폴리펩티드, 천연 보습인자 등으로 구성되어 있다.
④ 수분을 일정하게 유지시켜 준다.

090. 모발과 빗에 생기는 +전하와 -전하에 의해 생기는 것을 무엇이라 하나?

① 모발의 흡수성 ② 모발의 대전성
③ 모발의 팽윤성 ④ 모발의 고착력

091. 모발을 물에 담가두면 길이 1-2%, 직경 15%, 무게 30% 정도 증가한다. 그 이유는 모발의 어떤 성질 때문인가?

① 모발의 흡수성 ② 모발의 대전성
③ 모발의 팽윤성 ④ 모발의 고착력

092. 모발의 등전점은 얼마인가?

① pH4.5-5.5 ② pH5.5-6.5
③ pH6.5-7.5 ④ pH7.5-8.5

093. 인체가 하루에 필요로 하는 최소한의 물은 양은 어느 정도인가?

① 1L ② 1.5L
③ 2L ④ 2.5L

094. 세포벽을 구성하는 셀룰로오스를 포함한 물질은 무엇인가?

① 무기질 ② 식이섬유
③ 다당류 ④ 메치오닌

095. 식이섬유의 생체 내 기능에 대한 설명으로 잘못된 것은?

① 변의 양 증가 ② 장내 순환 담즙산의 감소
③ 콜레스테롤 흡수 증가 ④ 장의 연동운동 촉진

096. 알코올이 인체에 미치는 영향으로 적당하지 않은 것은?

① 간 손상 ② 신경장애
③ 위장장애 ④ 정서안정

097. 카페인이 인체에 미치는 영향으로 적당하지 않은 것은?

① 정신적 흥분 감소 ② 수면방해
③ 위장장애 ④ 칼슘 및 철분 흡수저해

098. 녹차가 인체에 미치는 영향을 잘못 설명한 것은?

① 항암효과 ② 칼슘흡수
③ 충치예방 ④ 변비개선

099. 녹차 성분 중 입냄새 제거에 도움이 되는 성분은 무엇인가?

① 클로로필과 탄닌 ② 탄닌, 카테킨
③ 베타카로틴 ④ 라이코펜

100. 비만의 원인 중 잘못된 음식습관이 아닌 것은?

① 과식과 폭식
② 불규칙한 식사
③ 간식과 야식
④ 하루 2.5L 이상의 수분 섭취

101. 내장지방의 축적을 초래하는 주요 원인이 아닌 것은?

① 과잉의 열량 섭취 ② 지나친 유산소 운동
③ 운동부족 ④ 과음, 흡연

102. 올바른 식사방법으로 잘못된 것은?

① 반찬을 적게 먹는다.
② 조금씩 나누어 먹는다.
③ 잠자기 전에 먹지 않는다.
④ 싱겁게 먹는다.

103. 체중조절을 위한 행동요법으로 생활습관을 수정하는 방법이 잘못된 것은?

① 반드시 혼자 식사하도록 한다.
② 배가 부를 때 장을 본다.
③ 인스턴트식품은 구입하지 않는다.
④ 식사는 일정한 장소에서만 한다.

104. 부족 시 혈관이 부서지기 쉽고, 갑상선 기능 저하, 모발이상 등의 결핍증상이 나타날 수 있는 것은?

① 구리 ② 망간
③ 칼슘 ④ 요오드

105. **과잉 섭취 시 치아의 에나멜질의 탈회 및 치아 변색을 일으키는 것은 무엇인가?**

① 붕소　② 셀레늄
③ 비소　④ 불소

106. **체내 활성산소를 제거하는 성분이 아닌 것은?**

① 베타카로틴　② SOD
③ 비타민 E　④ 요오드

107. **노화를 방지하기 위한 식사방법으로 잘못된 것은?**

① 잡곡을 먹는다.
② 생선, 콩, 야채를 충분히 섭취한다.
③ 매일 야채와 과일을 섭취한다.
④ 발효 식품은 적게 섭취한다.

108. **다음 중 모발의 주쇄결합?**

① 염결합　② 시스틴결합
③ 수소결합　④ 펩티드결합

109. S황유 아미노산인 시스테인 2개가 S을 사이로 결합한 것은?

① 염결합 ② 시스틴결합
③ 수소결합 ④ 펩티드결합

110. 아미노기와 카르복실기의 이온적 결합에 의한 결합은?

① 염결합 ② 시스틴결합
③ 수소결합 ④ 펩티드결합

111. 분자 내의 수소원소가 타 분자의 산소나 질소에게 끌리는 현상을 무엇이라 하는가?

① 염결합 ② 시스틴결합
③ 수소결합 ④ 펩티드결합

112. 다음 중 S함유 아미노산이 아닌 것은?

① 시스테인 ② 시스틴
③ 글리신 ④ 메칠오닌

113. **단백질에 대한 설명 중 틀린 것은?**

① 20여종의 아미노산 중 모발에는 약 18가지 아미노산이 존재한다.
② 단백질의 3차 구조는 알파 나선구조와 베타 병풍구조로 되어 있다.
③ 단백질은 그리스어 'Proteios'에서 유래되었다.
④ 단백질의 1차구조는 peptide 결합이다.

114. **멜라노사이트의 돌기부끝에서 방출되며 모발의 케라노사이트와 결합해서 주로 피질세포에 많이 들어가 모발의 색을 결정하는 것은?**

① 간충물질 ② 케라틴
③ 피질세포 ④ 멜라닌

115. **모발 손상원인에 대한 설명 중 맞는 것은?**

① 높은 열이나 빛에 의해 색과 구조가 변하지 않는다.
② 모발 손상의 원인은 크게 화학적 원인과 물리적 원인으로 나눈다.
③ 모발은 270-300°C에서 케라틴 구조의 변형을 유발한다.
④ 모발은 자외선의 영향을 받지 않는다.

116. **모발의 화학적 손상이 아닌 것은?**

① 마찰에 의한 손상
② 자외선에 의한 손상
③ 퍼머넌트웨이브에 의한 손상
④ 탈색과 염색에 의한 손상

117. 백발에 대한 설명 중 틀린 것은?

① 멜라닌 과립이 각화세포로 전달시킬 수 없어 발생한다.

② 백발은 노화현상의 하나이다.

③ 측부두에서 시작, 두정부, 후두부로 진행된다.

④ 유전과 스트레스와는 아무런 상관이 없다.

118. 모발의 손상도를 측정하는 방법이 아닌 것은?

① 감성적인 진단　② 알칼리 용해도의 측정

③ 절단강도와 신도의 측정　④ 모발의 고착력

119. 아미노산의 구조에 대한 설명 중 맞는 것은?

① 아미노기는 알칼리성 작용기이고, 카르복실기는 산성 작용기이다.

② R의 위치에 H가 결합하면 알라닌이다.

③ R의 위치에 CH_3가 결합하면 시스테인이다.

④ R의 위치에 CH_2-SH가 결합하면 글리신이다.

120. 효소5알파 리덕타아제가 바꾸는 것은?

① DHT를 테스토스테론으로

② DHEA를 DHEASFH

③ 테스토스테론을 DHT로

④ 안드로스테네디온을 테스토스테론으로

121. 다음 중 cell(세포)의 기능이 아닌 것은?

① 각종 자극을 전달한다.

② 운동을 주로 한다.

③ 수축성이 약하다.

④ 분비작용이 왕성하다.

122. 세포막은 무엇으로 이루어져 있는가?

① 지질과 수분 ② 교질과 수분

③ 단백질과 교질 ④ 콜라겐과 수분

123. 소포체 외면에 붙어 있으며 단백질 생합성에 필요한 RNA를 함유하고 있는 것은?

① 리보좀 ② 리보솜

③ 핵 ④ 세포

124. 세포내의 분비물을 합성 및 농축작용을 하는 곳은?

① 리보좀 ② 중심소체

③ 골지체 ④ 근세포

125. **세포막에 대한 설명 중 옳은 것은?**

① 세포분열을 한다.

② 세포의 대사활동을 담당하고 있다.

③ 세포의 내부와 외계 사이에서 물질이동이나 막전압 발생 등에 중요한 역할을 한다.

④ 세포에서 핵을 제외한 나머지 부분을 말한다.

126. **DNA구조는 어떤 형태인가?**

① 이중 나선 구조 ② 단중 나선 구조

③ 삼중 나선 구조 ④ 다중 나선 구조

127. **세포 내의 분비물을 합성 및 농축작용을 하는 곳은?**

① 사립체 ② 골지체

③ 중심소체 ④ 리보솜

128. **성장과 재생을 위한 음식물을 함유하고 있는 세포의 일부를 무엇이라 하는가?**

① 세포질 ② 핵

③ 원형질 ④ 분비선

129. 조직의 4가지 기본조직이 아닌 것은?

① 상피조직 ② 근육조직
③ 신경조직 ④ 골조직

130. 기능적으로 비슷한 세포와 세포간질의 집합체를 무엇이라 하는가?

① 조직 ② 기관
③ 계 ④ 선

131. 신체표면이나 내장의 내강을 덮고 있는 얇은 세포층으로 한층 또는 여러 층의 세포로 된 판상의 조직은?

① 결합조직 ② 상피조직
③ 근육조직 ④ 신경조직

132. 상피조직의 기능이 아닌 것은?

① 소화 ② 분비
③ 흡수 ④ 방어

133. 비늘같이 납작한 세포층으로 피부, 구강 등을 덮고 있는 상피는?

① 원추상피 ② 편평상피
③ 입방상피 ④ 이행상피

134. **내분비선과 외분비선은 어느 조직에 속하는가?**

① 상피조직 - 선상피

② 상피조직 - 표면상피

③ 결합조직 - 교원섬유

④ 결합조직 - 탄력섬유

135. **우리 몸의 인체에 널리 분포되어 여러 조직과 기관의 틈을 채우고 이들을 연결하는 지지적인 기능을 갖고 있는 조직은?**

① 결합조직　② 상피조직

③ 근조직　④ 신경조직

136. **결합조직 중 교원섬유를 이루고 있는 물질은?**

① 지질　② 엘라스틴

③ 콜라겐　④ 단백질

137. **자체 내에 수분을 함유하고 있어 피부층의 보습 역할을 담당하는 섬유 조직은?**

① 세망섬유　② 탄력섬유

③ 교원섬유　④ 편평섬유

138. **탄력 섬유를 이루고 있는 물질로 탄력을 갖고 있고 굴절성이 강한 것은?**

① 지질
② 엘라스틴
③ 단백질
④ 콜라겐

139. **인체의 골격계 기능에 대해 올바르게 나열한 것은 무엇인가?**

① 보호기능, 조혈작용, 운동기능, 보호기능
② 조혈작용 저장기능, 응고기능, 보호기능
③ 조혈작용, 분해작용, 지지기능, 보호기능
④ 운동기능, 보호기능, 배설기능, 응고기능

140. **골막에 대한 설명 중 틀린 것은 무엇인가?**

① 골절 시에 뼈를 재생시킨다.
② 혈구를 생산하는 곳이다.
③ 뼈를 보호한다.
④ 혈관, 림프관 및 신경을 통과시키는 바탕을 제공한다.

141. **혈구를 생산하는 곳으로 해면 뼈의 엉성한 조직과 골수강을 메우는 조직은?**

① 골수
② 골화
③ 골조직
④ 골막

142. **골과 골 사이의 충격을 흡수하는 결합조직은 무엇인가?**

① 근섬유 ② 연골
③ 관절 ④ 조직

143. **탈모성 두피의 특징으로 잘못 설명한 것은?**

① 두피가 가렵고 피지분비가 과도하며 비듬이 많아진다.
② 두피가 딱딱해지고 광택이 난다.
③ 오래된 각질이 많고 과다한 비듬과 피지가 모공을 막고 있다.
④ 적당한 지방막에 쌓여 있고 청백색을 띤다.

144. **여성형 탈모의 원인은?**

① 피임약과 심한 다이어트로 안드로겐분비가 활성화되어 나타난다.
② 수험생과 스트레스로 인한 증세로 나타난다.
③ 체내 호르몬의 균형이 깨지면서 나타나다.
④ 환경적인 요인보다 유전적인 요인이 크게 좌우한다.

145. **탈모반이라고도 하며 머리카락이 원형을 이루면서 빠지는 현상을 무엇이라 하나?**

① 소아형 탈모증 ② 원형 탈모증
③ 휴지기 탈모증 ④ 반흔성 탈모증

146. 각화된 표피가 제때 떨어지지 못해 모공이 막혀 염증이 생기고 울혈은 없지만 두피가 가렵고 따가움을 느끼는 두피는?

① 지성두피 ② 복합성 두피
③ 건성두피 ④ 예민성 두피

147. 지성두피에 대한 설명 중 맞는 것은?

① 표면에 각질이 쌓여 있다.
② 모공이 불순물 없이 깨끗한 상태로 열려 있다.
③ 과다한 피지분비로 두피의 호흡이 원활하지 못하고 기능이 저하된다.
④ 약한 자극에도 따갑거나 발열현상으로 민감하게 반응한다.

148. 비듬성 두피에 대한 설명 중 틀린 것은?

① 비듬균의 이상 증식으로 인해 생긴다.
② 관리방법으로 두피의 자극을 최소화하고 두피의 기능을 정상화하는 것이 중요하다.
③ 호르몬의 불균형, 유전적 요인, 피지선의 과다 분비 등이 원인이다.
④ 비듬 전용 샴푸제를 사용하며 비듬 제거를 위한 스케일링 제품을 사용한다.

149. **탈모에 대한 설명으로 틀린 것은?**

① 모발의 성장기가 짧아져 기존모에 비해 단축되는 특징을 지닌 탈모를 자연탈모라 한다.

② 건강한 사람의 경우 40-100본 정도가 1일 탈모되는 것은 정상적인 탈모이다.

③ 자연탈모된 모근은 곤봉형의 형태를 띄고 있다.

④ 모발의 색상이 점차적으로 연한 갈색톤으로 변화되는 현상은 이상탈모에 속한다.

150. **탈모의 내부적 요인이 아닌 것은?**

① 환경오염 ② 호르몬의 변화

③ 피지분비이상 ④ 영양결핍

151. **모발의 끝이 뾰족하고 울퉁불퉁한 것은 어떤 게이스라 할 수 있는가?**

① 두부백선 ② 원형탈모증

③ 견인성탈모증 ④ 발모광

152. **출산 후 나타나는 휴지기성 탈모증으로 여성탈모의 대표적인 탈모유형은?**

① 폐경에 의한 탈모증 ② 결발성 탈모증

③ 다이어트에 의한 탈모증 ④ 산후 탈모증

153. 모근의 파괴에 의해 일어나는 탈모로 상처, 화상, 피부염 등에 희한 탈모는?

① 압박성 탈모증　② 반흔성 탈모
③ 원형 탈모　④ 매독성 탈모

154. 탈모의 자각 증상 중 틀린 것은?

① 두피가 건조해진다.
② 두피에 피지와 노폐물이 많아 가렵다.
③ 이마와 양옆의 모발이 굵어진다.
④ 비듬이 많아지고 모발의 굵기가 가늘어진다.

155. 여성에게서 DHT의 주요 전조물질은?

① 테스토스테론　② DHEA
③ 5알파 환원제　④ 프로게스테론

156. 남성형 탈모의 예방법으로 틀린 것은?

① 피지선을 자극하는 자극적인 음식이나 당분의 섭취를 피한다.
② 정기적 관리를 통하여 모발과 두피에 영양공급을 준다.
③ 두피를 지나치게 자극한다.
④ 적당한 운동을 통하여 육체적, 정신적 스트레스를 해소한다.

157. 적혈구와 백혈구를 생산하고 형성되는 곳은 어디인가?

① 이자 ② 쓸개
③ 골절 ④ 골수

158. 신체의 운동은 어떻게 해서 이루어지는가?

① 골격근의 수축으로 ② 횡문근의 이완으로
③ 평활근의 수축으로 ④ 심장근의 수축으로

159. 신경세포 본체의 집합체를 무엇이라 하는가?

① 교감신경계 ② 중추신경계
③ 말초신경계 ④ 자율신경계

160. 두개골 속에 들어있으며 우리 몸에서 가장 많은 혈액을 필요로 하는 기관은?

① 간 ② 뇌
③ 폐 ④ 근육

161. 중추신경계는 어떻게 구성되어 있나?

① 중뇌와 대뇌 ② 뇌와 척수
③ 교감신경과 뇌간 ④ 뇌간과 척수

162. 두개골의 약 2/3을 차지하는 가장 큰 부위의 뇌는?

① 간뇌 ② 중뇌
③ 대뇌 ④ 소뇌

163. 뇌간과 척수에서 시작되는 신경은 무엇인가?

① 교감신경 ② 말초신경
③ 자율신경 ④ 부교감신경

164. 혈액의 기능과 관계없는 것은?

① 영양물질, 노폐물, 산소, 탄산가스, 호르몬 등 각종 물질을 운반하는 역할
② 세포환경을 일정하게 유지
③ 체액의 pH 조절
④ 병원균으로부터 신체 방어를 못함

165. 산소를 잃은 혈액은 어디로 제일 먼저 들어가는가?

① 좌심방 ② 좌심실
③ 우심방 ④ 우심실

166. 티록신 호르몬 과잉 시 나타나는 병은?

① 바세도우씨병 ② 정맥수종
③ 크레티니즘 ④ 미나마타이병

167. **부갑상선 호르몬의 기능은?**

① 성장 정체 현상

② 칼슘대사에 중요한 조절기능

③ 안드로겐 분비

④ 물과 전해질의 균형 조절기능

168. **남성의 2차 성장기에 영향을 주는 호르몬으로 성적자극, 남성 생식기의 발육 등을 맡고 있는 것은?**

① 에스트로겐 ② 테스토스테론

③ 아드레날린 ④ 티록신

169. **여성호르몬 중 여성의 2차 성징을 발현시키는 호르몬은?**

① 프로게스테론 ② 알데스테론

③ 아드레날린 ④ 에스트로겐

170. **갑상선 기능의 조절은?**

① 뇌하수체 ② 부신피질

③ 부신수질 ④ 교감신경

171. 일반적으로 체내의 혈액저장소라고 하면 다음 중 어디를 지칭하는가?

① 근육 - 혈관 ② 간 - 비장
③ 동맥 - 모세혈관 ④ 위 - 소장

172. 혈액과 조직액 사이에서 물질의 확산으로 이루어질 때 이동되지 않는 것은?

① 글루코오스 ② 산소
③ 단백질 ④ 이산화탄소

173. 뇌교 바로 위에 있고 전뇌와 후뇌 중간에 무엇이 있는가?

① 중뇌 ② 연수
③ 간뇌 ④ 소뇌

174. 신경계에 있어 시냅스란 무엇을 뜻하는가?

① 신경세포 ② 신경교
③ 신경세포의 접촉 ④ 신경교의 접촉

175. **인체에 있는 많은 감각수용체가 자극을 받으면 계속 뇌로 전달한다. 이때 일어나는 중요한 현상이 아닌 것은?**

① 정보들은 뇌에 저장된다.

② 정보들은 뇌에 저장되지 않는다.

③ 뇌로 명령을 유발시켜 적절한 운동을 하게 된다.

④ 척수에서 바로 반작용을 나타낸다.

176. **체내에서 미생물이 가장 많이 서식하는 곳은?**

① 침 ② 소장

③ 대장 ④ 위

177. **두피의 혈액공급이 나쁠 때 모모세포에 미치는 영향으로 맞는 설명은?**

① 산소의 공급과다 ② 특별한 영향은 없다.

③ 영양의 공급불량 ④ 피지의 과잉공급

178. **과도한 피지 분비가 원인이 되는 탈모증상은?**

① 원형탈모 ② 남성탈모

③ 지루성탈모 ④ 비듬성탈모

179. **비듬발생의 원인에 해당되지 않는 설명은?**

① 비누사용　　② 피지선의 강한 활동
③ 잦은 샴푸　　④ 적절한 스트레스 해소

180. **모발의 구조를 잘못 설명한 것은?**

① 모유두: 혈관과 림프관을 통해 산소와 영양분을 공급받는다.
② 모근: 두피 아래 모낭 속에 있는 모발을 말한다.
③ 모낭: 모발을 만들어내는 곳이다.
④ 피지선: 모낭 아래 위치하며 피지를 분비하여 윤기를 준다.

181. **다음 설명 중 틀린 것은?**

① 모구: 전구모양을 하고 내부는 모질세포와 멜라닌세포로 구성
② 모모세포: 모유두로 영양과 산소를 받아 모발을 만든다.
③ 입모근: 기모근이라고도 하며 긴장하거나 충격을 받아 털을 세운다.
④ 모근: 두피 윗부분 모낭 속에 있는 모발을 말한다.

182. **모발의 층에 대한 설명 중 틀린 것은?**

① 모표피: 모발의 약 10~15% 정도를 차지하며 비늘모양으로 겹쳐있다.
② 모피질: 모발의 대부분인 85~90%를 차지하며 주성분은 세라마이드이다.
③ 모수질: 중앙이 비어 있는 형태를 가진 세포이다.
④ 모수질: 내부에는 약간의 멜라닌 색소입자가 존재하며 공기를 함유할 수 있다.

183. **모발 성장 사이클에 대한 설명으로 틀린 것은?**

① 성장기: 전체 모발의 80~90%이며 수명은 3~6년이다.

② 퇴행기: 전체 모발의 1% 정도이며 수명은1개월

③ 휴지기: 전체 모발의 14~15%이며 수명은 약 3~4개월

④ 성장기 → 휴지기 → 퇴행기 → 탈모 순으로 진행한다.

184. **모발성장에 영향을 주는 요인이 아닌 것은?**

① 병적 요인 ② 호르몬에 의한 요인

③ 유전적 요인 ④ 기후에 의한 요인

185. **모발의 일반적인 성향으로 틀린 것은?**

① 밀도: 모발 색이 밝을수록 평균밀도 수치가 높다.

② 수명: 여성 4~6년, 남성 3~5년

③ 기온이 시원할 때 모발성장이 빠른 편이다.

④ 기온이 따뜻할 때 모발성장이 빠른 편이다.

186. **모발의 색상에 대한 설명이다. 옳은 것은?**

① 인종에 관계없이 유멜라닌과 페오멜라닌 두 종류를 가지고 있다.

② 인종에 따라 유멜라닌 혹은 페오멜라닌의 종류가 다를 수 있다.

③ 유멜라닌은 황적색계이다.

④ 페오멜라닌은 흑갈색계이다.

187. **멜라닌 색소에 대한 설명으로 틀린 것은?**

① 모모세포 위에 있는 색소형성세포 중 티로신을 기본물질로 한다.

② 백발은 멜라노사이트에서 멜라닌의 생성이 정하기 때문에 일어난다.

③ 백발은 일종의 노화현상이다.

④ 백발의 진행과정은 후두부에서 시작하여 정수리 측면으로 진행한다.

188. **모발의 고유성질이 아닌 것은?**

① 열변성 ② 대전성

③ 광변성 ④ 부패성

189. **모발의 pH에 대한 설명 중 틀린 것은?**

① 일반적으로 산성, 알칼리성의 정도를 나타내는 수치를 말한다.

② 수분이 없는 물질에서만 pH 측정이 가능하다.

③ 수치는 0에서 14까지 있다.

④ 7을 중성으로 본다.

190. **내분비 이상에 의한 탈모로 잘못 설명한 것은?**

① 뇌하수체 기능저하로 모발뿐 아니라 액모나 음모가 없어지는 경우도 있다.

② 갑상선 기능저하로 원형탈모증으로 진행된다.

③ 갑상선 기능저하로 모발에서 체모까지 적어지며 눈썹이 적어지는 것이 특징이다.

④ 갑상선 기능항진으로 원형탈모증으로 진행된다.

191. **비듬을 동반하는 비강성 탈모의 증상으로 옳지 않은 것은?**

① 가려움 ② 심한염증
③ 피지이상 ④ 비타민A 부족

192. **탈모의 모근부를 설명한 것 중 옳지 않은 것은?**

① 자연탈모의 모근은 곤봉형태이다.
② 병적인 원인에 의한 탈모는 모근부가 위축되어 있다.
③ 자외선에 의한 탈모의 모근은 끝이 휘어져 있다.
④ 약제에 의해 단모가 된 모발의 모근은 끝부분이 절단되어 있다.

193. **두피의 각질형성 세포의 사이클에 대한 설명으로 잘못된 것은?**

① 세포재생주기가 비정상적인 경우에 트러블이 생기기 쉽다.
② 세포재생주기가 느리면 민감해지는 원인이 된다.
③ 세포재생주기가 빠르면 민감해지는 원인이 된다.
④ 세포재생주기가 느리면 뾰루지가 생기기 쉽다.

194. **샴푸시 마사지와 거품을 낼 때 사용하는 손가락의 부위는?**

① 손톱 ② 손바닥
③ 손가락 지문 ④ 엄지손가락

195. **건강한 두피의 색은?**

① 청백의 우유빛
② 핑크빛
③ 투명
④ 흰색

196. **모발을 구성하는 세포는 어디서 만들어지는가?**

① 모모(毛母)
② 모근(毛根)
③ 모간(毛幹)
④ 모구(毛球)

197. **영양이 부족해서 길이로 모발이 갈라지는 현상은?**

① 원형 탈모증
② 열모 결발증
③ 결절 열모증
④ 사모

198. **브러싱 테크닉 순서로 옳지 않은 것은?**

① 머리를 앞으로 기울인 상태에서 목덜미에서 이마 방향으로 머리를 빗는다.
② 머리 측면에서 정수리 방향으로 빗는다.
③ 정수리 방향에서 측면으로 빗는다.
④ 이마에서 목덜미 방향으로 빗어 내리며 브러싱을 끝낸다.

199. 심한 노이로제 현상에 의하여 나타나는 탈모현상으로 본인도 모르는 사이에 모발을 잡아 당겨 탈락시킴으로써 특정부위의 모발이 원형탈모에 가까운 탈모유형은?

① 반흔성 탈모증　② 발모벽
③ 나병에 의한 탈모증　④ 결발성 탈모증

200. 비듬의 종류와 증상으로 틀린 것은?

① 지성비듬인 경우 비타민A를 섭취해야 효과적이다.
② 혼합성비듬은 오랜 피지산화의 작용에 의해 건성비듬에 비해 쉽게 떨어지지 않는다.
③ 지성비듬은 관리 시 피지 발란스 조절과 함께 두피세정이 이루어져야 한다.
④ 건성비듬은 수분유실과 함께 과각화현상이 나타나는 유형이다.

201. 모근부에 영양공급을 하며 모발이 자랄 수 있도록 도와주는 기능과 더 이상의 탈모현상을 막아주는 것은?

① 발모제　② 육모제
③ 양모제　④ 항균제

202. 리보플라빈이라고 하며 지루성 피부염등을 예방해주는 것은?

① 비타민B2　② 비타민A 팔미테이트
③ 비타민E아세테이트　④ 비오틴

203. 식물성 계면활성제로 유화작용, 세정작용, 기포작용이 있는 것은?

① 사포닌 ② 시코닌
③ 아줄레 ④ 피틴산

204. 필수지방산 감마-리놀렌산이 풍부하며 인디언들의 피부염 치유에 사용된 오일은?

① 아몬드유 ② 맥아유
③ 월견초유 ④ 야자유

205. 중금속 제거효과가 있고 주로 모발화장품 분야에 많이 사용되는 것은?

① 세라마이트 ② 뮤신
③ 키토산 ④ 콘드로이친 황산나트륨

206. 방부제가 갖추어야 할 조건으로 틀린 것은?

① 무색무취에 가까워야 한다.
② pH 등 사용조건에 효력이 약해야 한다.
③ 적용농도에서 염증이나 민감 반응을 일으키지 않아야 한다.
④ 상당기간 동안 작용할 수 있어야 한다.

207. 전류는 실제로 무엇의 흐름인가?

① 양자 ② 중성자
③ 전자 ④ 양이온

208. 고주파 전류는 무엇을 유발하는가?

① 감각신경의 자극 ② 운동신경의 자극
③ 전기화학 반응 ④ 열이 만들어짐

209. 전기분해의 경우, 모유두는 무엇에 의해 파괴되는가?

① 열 ② 염산
③ 수산화 나트륨 ④ 황산

210. 비타민C는 종종 어떤 미네랄과 함께 작용하는가?

① 철 ② 요오드
③ 구리 ④ 아연

211. 아연결핍은 무엇의 생성을 증가시키는가?

① DHT ② 알도스테론
③ 부갑상선호르몬 ④ 테스토스테론

212. **효소 5알파 환원 효소는 무엇을 화학변화시키는가?**

① DHT에서 테스토스테론으로
② DHEA에서 DHEAS로
③ 테스토스테론에서 DHT
④ androstenedione에서 테스토스테론으로

213. **손상모가 세로방향으로 잘 끊어지는 현상을 고려할 때 모발의 화학결합 가운데 가장 강한 결합력은?**

① 폴리펩티드 결합 ② 시스틴 결합
③ 염 결합 ④ 수소 결합

214. **모피질에 대한 설명이 아닌 것은?**

① 모발의 대부분을 차지하며 모발의 성질을 좌우한다.
② 모발시술 과정에서 가장 영향을 많이 받는다.
③ 여러 가지 섬유조직과 간충물질로 구성되어 있다.
④ 물리적인 손상을 가장 받기 쉽다.

215. **모모세포가 분열하여 모발로 성장되는데 필요한 영양분을 공급하는 기관은?**

① 모공 ② 피지선
③ 모유두 ④ 입모근

216. **모발을 이루고 있는 18종의 아미노산끼리 연결시키는 화학 결합은?**

① 폴리펩티드 결합　② 염 결합
③ 수소 결합　④ 시스틴 결합

217. **모피질에 대한 설명으로 맞는 것은?**

① 모발의 색상을 결정하는 멜라닌 색소를 함유하고 있다.
② 비늘모양의 큐티클층이 4~10겹으로 겹쳐져 있다.
③ 모발의 중심부에 위치하고 있다.
④ 손상되면 광택이 소실된다.

218. **피지선에서 분비되는 피지의 역할에 대한 설명 중 잘못된 것은?**

① 피부와 모발의 건조함을 막아준다
② 약산성으로 대부분의 세균생성을 막는다.
③ 비듬을 막기 위해서는 피지분비가 많을수록 좋다
④ 피지가 딱딱해지고 모공이 막히면 여드름이 생긴다.

219. **두피의 혈액 환경이 나빠질 때 모모세포에는 어떠한 영향을 미치는가?**

① 산소의 공급과다　② 특별한 영향은 없다
③ 영양의 공급불량　④ 피지의 과잉공급

220. 인체 표피층의 순서대로 바르게 나열되어 있는 것은?

① 각질층 - 투명층 - 과립층 - 가시모양세포층 - 기저층
② 각질층 - 과립층 - 투명층 - 가시모양세포층 - 기저층
③ 투명층 - 각질층 - 과립층 - 가시모양세포층 - 기저층
④ 투명층 - 과립층 - 각질층 - 가시모양세포층 - 기저층

221. 가장 활동적으로 세포분열이 일어나고 있는 세포층은?

① 각질층 ② 투명층
③ 과립층 ④ 기저층

222. 모발의 성장을 억제하고 체모의 성장과 피지분비를 촉진하는 호르몬은?

① 여성 호르몬 ② 남성 호르몬
③ 갑상선 호르몬 ④ 부신피질 호르몬

223. 폴리펩티드 체인은 무엇으로 형성되어 있는가?

① 아미노산 ② 공기층
③ 원섬유 ④ 모피질

224. 모발에 손상을 주지 않는 드라이어의 테크닉 가운데 모발로부터의 적당한 거리는?

① 약 10cm ② 모발에 가까운 위치
③ 20cm 이상 ④ 30cm 이상

225. 비듬이 있는 지성두피에 탈모가 진행되는 것을 관리하려고 한다. 가장 먼저 관리를 해야 하는 것은?

① 기름기 많은 모근 ② 탈모문제
③ 비듬제거 ④ 피지제거

226. 모발이 세로로 갈라지며 건조해서 갈라지는 상태에 해당하는 것은?

① 비강성 탈모증 ② 결절모
③ 연주모 ④ 결발성 탈모증

227. 샴푸 시 계면활성제는 모발과 오염된 표면에 흡착되는데 이것에 따라 어떤 효과가 있나?

① 마찰을 단화시키는 효과
② 더러움의 재 부착을 방지하는 효과
③ 광택과 윤기를 부여하는 효과
④ 습기를 부여하는 효과

228. **탈색된 모발에 사용하도록 권장되는 샴푸제의 종류는?**

① 알칼리성 샴푸제

② 프로테인 샴푸제

③ 거품이 잘 나는 샴푸제

④ 산성균형 (pH4.5~5.5) 샴푸

229. **갈라진 모발, 끊어진 모발의 손상을 막고 빗질을 용이하게 하는 성분은?**

① 엘라스틴 콜라겐　　② 인삼

③ 실크프로테인, 아미노산　　④ 고사리

230. **피부와 근육을 집어 올려 주물러서 푸는 마사지 법으로 노폐물의 제거, 신진대사 촉진을 목적으로 하는 것은?**

① 압박법　　② 강찰법

③ 유연법　　④ 고타법

231. **다음 중 샴푸 시에 적당한 온도와 물은?**

① 20~25℃ 정도의 경수

② 20~25℃ 정도의 연수

③ 36~40℃ 정도의 연수

④ 36~40℃ 정도의 경수

232. 지성 두피인 경우에 실시하는 트리트먼트의 종류는?

① 드라이 스캘프 트리트먼트(dry scalp treatment)
② 오일리 스캘프 트리트먼트(oily scalp treatment)
③ 핫 오일 트리트먼트(hot oil treatment)
④ 댄드러프 스캘프 트리트먼트(dandruff scalp treatment)

233. 다음 중 스캘프 케어(scalp care)에 있어서 적합치 않은 것은?

① 두피의 더러움 및 비듬을 제거한다.
② 혈액순환을 원활하게 하고 두피의 생리기능을 높여준다.
③ 두피에 상처나 질병이 있는 상태에도 시술이 가능하다.
④ 모근에 적당한 자극에 의한 혈액순환 촉진으로 모발의 성장을 돕는다.

234. 과잉 시에는 모낭에 염증을 유발하고 결핍 시에는 모공 각화증을 유발하는 비타민의 종류는?

① Vit A　② Vit B6
③ Vit D　④ Vit C

235. 유일하게 피부표면에서 합성되는 비타민으로 탈모 후 모발 재생에 효과가 있는 비타민은?

① Vit A　② Vit B6
③ Vit D　④ Vit C

236. 표피와 진피의 경계부분에 존재하며 모세혈관이 풍부하게 분포되어 있어 혈관분포가 없는 표피에 영양소와 산소를 이동시키는 역할을 하는 것은?

① 콜라겐 ② 엘라스틴
③ 망상층 ④ 유두층

237. 모낭의 가장 아래쪽에 위치하며 수많은 모모세포로 덮어져 있고 내부에 모세혈관과 자율신경이 있어서 모발의 성장에 주요한 영향을 미치는 것은?

① 모모세포 ② 모구
③ 모근 ④ 모유두

238. 모유두를 덮고 있으며 모유두로부터 영양을 공급받아 끊임없이 세포분열을 하면서 증식을 되풀이하는 것은?

① 모모세포 ② 모구
③ 모근 ④ 모낭

239. 모발과 가장 가까이 접하고 있으며 모구부에서 생성된 모발을 감싸서 완전히 각화가 될 때까지 보호하여 표피 밖으로 운송하는 역할을 한 후에 비듬과 같이 탈락되는 것은?

① 모낭 ② 내모근초
③ 모모세포 ④ 모근

240. 친유성의 성질을 가지고 있으며 물과 약제의 침투에 대한 저항력이 있고 외부 환경으로부터 모발 내부를 보호하는 것은?

① 외모근초 ② 내모근초
③ 모표피 ④ 피질세포

241. 피질세포와 세포간 결합물질로 구성되어 있으며 모표피의 안쪽에 있는 것은?

① 엔도큐티클(endocuticle)
② 엑소큐티쿨(exocuticle)
③ 헤어큐티클(hair cuticle)
④ 헤어코텍스(hair cortex)

242. 과립상의 활색부터 짙은 갈색의 멜라닌 색소를 함유하고 있으며 친수성 부분으로 약제의 작용을 쉽게 받기 때문에 펌 또는 염색이 가능한 부분은?

① 엔도큐티클(endocuticle)
② 엑소큐티쿨(exocuticle)
③ 헤어큐티클(hair cuticle)
④ 헤어코텍스(hair cortex)

243. 모낭의 형성과정을 순서대로 배열한 것은?

① 전모아기 - 모아기 - 모항기 - 모구성 모항기 - 모낭완성

② 전모아기 - 모항기 - 모아기 - 모구성 모항기 - 모낭완성

③ 전모아기 - 모아기 - 모구성 모항기 - 모항기 - 모낭완성

④ 전모아기 - 모항기 - 모구성 모항기 - 모아기 - 모낭완성

244. 모발을 알칼리성 용액에 담근 후 당기게 되면 물에 적신 모발보다 더 작은 힘으로도 모발이 늘어나는 이유는?

① 펩티드 결합이 끊어져서

② 이온 결합이 끊어져서

③ 시스틴 결합이 끊어져서

④ 폴리펩티드 결합이 끊어져서

245. 주로 갈색이나 검은색을 나타내는 색소로 흑인이나 동양인의 피부색과 모발색을 결정하는 요소는?

① 티로신　② 멜라노사이트

③ 유멜라닌　④ 페오멜라닌

246. 노랑색이나 빨강색 머리의 주색소로 서양인들의 피부나 모발색을 결정짓고 검은 모발색소에 비해 입자가 훨씬 작은 색소는?

① 헤모글로빈　② 카로틴

③ 유멜라닌　④ 페오멜라닌

247. 백발의 발생 원인으로 볼 수 없는 것은?

① 멜라노사이트의 감소 또는 소실

② 티로시나아제의 불활성

③ 자연스런 노화

④ 비타민A와 철분의 과잉섭취

248. 다음 설명에서 말하고자 하는 것은 무엇인가?

> 일명 머리 넓힘줄이라고 하며, 두피의 부분을 싸고 있으면서 전두근, 측두근, 후두근을 잡고 있다.

① 뒷판상군

② 안륜근

③ 전두엽

④ 모상건막

249. 다음 설명에 해당하는 모발형태는?

> 매우 강한 곱슬머리이며, 횡단면의 모양은 납작하거나 다양한 모양의 부정형이다. 흑인종이 이에 속한다.

① 축모　② 연모

③ 파상모　④ 직모

250. **한선에 대한 설명으로 올바른 것은?**

① 에크린한선은 태어날 때부터 입과 입술의 일부를 제외하고는 거의 전신에 분포되어 있다.

② 아포크린선 한선은 피부표면으로 직접 열려있다.

③ 소한선에서 분비되는 땀은 대한선에서 분비되는 땀에 비해 양이 적다.

④ 에크린한선은 모낭과 연결되어 피부표면으로 통하게 되어있다.

251. **모발색에 대한 설명이다. 바르지 않은 것은?**

① 갈색이나 검은색 계열의 색은 유멜라닌이다.

② 페오멜라닌은 유멜라닌에 비해 색소 입자가 크다.

③ 모발은 모모세포층의 모유두 끝부분에 존재한다.

④ 다양한 형태의 모발색을 만들어 내는 색소형성은 대부분 유전적으로 조절된다.

252. **다음 중 모발손상의 요인이 다른 것은?**

① 유전 ② 스트레스

③ 일광 ④ 호르몬

253. **다음 중 모발손상의 화학적 요인이 아닌 것은?**

① 펌 ② 염색

③ 스타일링제품 ④ 세팅

254. **다음 두피관리 방법의 설명에 해당하는 두피는?**

> 두피세정과 피지조절에 초점을 맞추어 관리하며 두피 마사지를 병행한다.

① 건성두피　② 예민성 두피
③ 비듬성 두피　④ 지성두피

255. **다음 두피에 대한 설명은 어느 두피에 해당하는가?**

> 외관상 예민성두피와 지성두피의 혼합형이며, 피지분비가 많아 염증과 지성비듬이 자주 발생한다.

① 문제성두피　② 중성두피
③ 비듬성두피　④ 지루성두피

256. **대한선에 대한 설명으로 틀린 것은?**

① 아포크린선이라고도 하며 소한선보다 크다.
② 귀 언저리, 겨드랑이, 젖꼭지, 배꼽, 음부 등 몸 전체에 분포되어 있다.
③ 소한선의 담보다 농도가 짙고 독특한 냄새가 난다.
④ 겨드랑이에서 악취가 나는 것을 "액취증" 또는 "암내"라고 한다.

257. **다음 중 두피의 작용으로 틀린 것은?**

① 보호작용　② 체온조절작용
③ 흡수작용　④ 저장작용

258. 모발은 세포분열 과정 중 어디에서 만들어지는가?

① 외배엽 ② 중배엽
③ 내배엽 ④ 수정란

259. 다음 중 모발의 기능에 대한 설명 중 틀린 것은?

① 외부의 물리적 충격으로부터 완충작용
② 외부의 오염물질로부터 인체 보호
③ 눈썹과 속눈썹은 햇빛, 땀방울로부터 눈을 보호
④ 헤어스타일의 연출에 따라서 인상변화 없다.

260. 큐티클층이 관찰되지 않고 임신 8개월 정도 지나면 모낭에서 탈락되는 모발은?

① 연모 ② 경모
③ 종모 ④ 취모

261. 모발의 형태 중 매우 강한 곱슬머리이며 횡단면의 모양이 납작하거나 다양한 모양의 부정형인 모발은?

① 직모 ② 파상모
③ 축모 ④ 경모

262. 배아층이 진피층에서 진입하는 단계이며 발달된 중간층 세포가 배아층 세포 속으로 진입하는 단계는?

① 전모아기 ② 모아기
③ 모항기 ④ 모구성모항기

263. 모발의 기원이 되는 세포로 모유두로부터 영양공급을 받아 세포분열하는 것은?

① 모모세포 ② 모유두
③ 모낭 ④ 모구

264. 모근의 아래부분에 원형으로 부풀려져 있는 부분이며 모세혈관, 모유두, 모모세포 등이 위치하는 곳은?

① 모모세포 ② 모유두
③ 모낭 ④ 모구

265. 자율신경에 지배를 받고 체온손실을 막아주는 역할을 추위나 공포를 느끼면 자율적으로 수축하는 것은?

① 피지선 ② 입모근
③ 모유두 ④ 모낭

266. 다음 중 면역을 담당하는 세포는?

① 랑게르한스세포 ② 섬유아세포
③ 대식세포 ④ 비만세포

267. 생체 내 여러 분비기간에서 생성되며 혈액과 체액을 통하여 표적세포로 운반되면서 특수한 생리작용을 나타내는 물질을 무엇이라 하나?

① 혈액 ② 임파액
③ 생식선 ④ 호르몬

268. 난소에 작용하여 난포 발육, 에스트로겐 합성의 촉진, 피부의 기미, 투명도, 혈액 순환을 좋게 하는 호르몬은?

① 난포호르몬(FSH) ② 황체호르몬(LH)
③ 성장호르몬(GH) ④ 유선호르몬(PRL)

269. 남성형 탈모의 원인은?

① 에스트로겐의 과다 생성 때문이다.
② 알레르기, 유전, 자율신경 이상 등이 원인이다.
③ 땀의 과다 분비 때문이다.
④ Testosteone이 5RD의 영향으로 DHT로 바뀌면서 탈모가 일어난다.

270. **여성 탈모의 원인은?**

① 피임약과 심한 다이어트로 안드로겐 분비가 활성화되어 나타난다.
② 수험생과 스트레스로 인한 증세로 나타난다.
③ 체내 호르몬의 균형이 깨지면서 나타난다.
④ 환경적인 요인보다 유전적인 요인이 크게 좌우한다.

271. **출산 후 나타나는 휴지기성 탈모증으로 여성탈모의 대표적인 탈모형은?**

① 폐경에 의한 탈모증 ② 결발성 탈모증
③ 다이어트에 의한 탈모증 ④ 산후 탈모증

272. **심한 노이로제 현상에 의하여 나타나는 탈모현상으로 본인도 모르는 사이에 모발을 잡아 당겨 탈락시킴으로써 특정부위의 모발이 원형탈모에 가까운 탈모유형은?**

① 반흔성 탈모증 ② 발모벽
③ 나병에 의한 탈모증 ④ 결발성 탈모증

273. **모근부에 영양공급을 하며 모발이 자랄 수 있도록 도와주는 기능과 더 이상의 탈모현상을 막아주는 것은?**

① 발모제 ② 육모제
③ 양모제 ④ 향균제

274. 지방성 피부에 적당한 화장수는?

① 유연화장수 ② 수렴화장수
③ 영양화장수 ④ 바니싱 크림

275. 다음 중 보습제 역할에 해당되는 것은?

① 피부의 피지량을 줄이는 것이다.
② 피부의 탈수를 방지하는 것이다.
③ 피부를 건조하게 한다.
④ 살균소독을 한다.

276. 콜라겐(collagen)을 화장품에 사용할 경우 피부에 어떤 작용을 하나?

① 수분을 보유시킨다. ② 주름을 없앤다.
③ 영양공급 ④ 방부제 역할

277. 플라센타 추출물을 화장품에 사용하는 이유는?

① 유연작용 때문에
② 피부 세정을 위하여
③ 피부의 활성화를 위하여
④ 피부 노폐물 제거를 위하여

278. **상어의 간유에서 추출한 오일로 피부의 건조를 방지하는 것은?**

① 레시틴 ② 스쿠알렌
③ 콜라겐 ④ 라놀린

279. **알로에는 피부 알레르기를 일으킬 수 있다. 어떤 성분 때문인가?**

① 알로인 ② 알부민
③ 오일 ④ 라놀린

280. **다음 중 약용실물로 피부살균, 수렴, 재생효과 및 피부순환에 도움을 주는 원료는?**

① 아줄렌 ② 아르니카
③ 알란토인 ④ 아몬드오일

281. **토닉 샴푸를 설명한 것으로 바른 것은?**

① 표백용 ② 소취용
③ 탈모 방지용 ④ 가려움제거, 영양공급

282. 린스가 갖추어야 할 성질로 맞지 않는 것은?

① 모발을 탄력 있고 부드럽게 하며, 촉촉하게 할 것

② 모발을 정돈하여 주고 빗질이 용이할 것

③ 모발의 때를 제거하고 윤기를 줄 것

④ 모발을 보호하는 작용이 있을 것

283. 피부대사촉진, 혈행촉진, 말초혈관확장, 탈모예방, 피로회복에 효과적인 것은?

① 연명초 추출물 ② 인삼 추출물

③ 은행잎 추출물 ④ 알로에 추출물

284. 중금속 제거효과가 있고 주로 모발화장품 분야에 많이 사용되는 것은?

① 뮤신 ② 키토산

③ 콘드로이친 황산 나트륨 ④ 세라마이드

285. 모발 등전점의 Ph는?

① pH5 ② pH4

③ pH6 ④ pH5.5

286. 산의 성질은 무엇에 의해 생긴 것인가?

① 산소 ② 수소

③ 질소 ④ 염소

287. 우리 몸의 속은 (   ), 겉은 (   ) 이다. (   ) 안에 들어갈 말로 바른 것은?

① 강알칼리성, 약산성 ② 약알칼리성, 약산성

③ 강알칼리성 강산성 ④ 약알칼리성, 강산성

288. 혈액의 pH는?

① 7.4 ② 5.5

③ 3.5 ④ 6.5

289. 셀레늄, 크로륨, 칼슘, 아연, 칼륨의 좋은 식품원은?

① 마늘 ② 시금치

③ 유제품 ④ 양조용 효모

290. 모공의 각화증을 유발하며 탈모가 촉진되며 모발의 건조를 막아주고, 장어, 당근, 달걀노른자, 우유, 소 간 등에 많이 함유되어 있는 영양소와 관계가 있는 영양소는?

① 비타민D ② 비타민A

③ 미네랄 ④ 무기질

291. 인체는 많은 수분을 가지고 있다. 수분결핍시 인체에 나타나는 현상으로 틀린 것은?

① 피부가 거칠어지고 탄력이 없다.

② 피부가 건조해 윤기가 없다.

③ 염증이 유발되며, 트러블이 야기된다.

④ 체온이 올라간다.

292. 간의 지방침착, 탈모방지 등 콜린과 결합하여 레시틴의 주요 성분이 되는 것은 무엇인가?

① 판토텐산 ② 티아민

③ 이노시톨 ④ 니켈

293. 고객상담의 목적이 아닌 것은?

① 지식과 정보를 전달하고 고객의 잘못된 습관이나 인식을 바꾸게 한다.

② 생활습관이 개선되도록 도와준다.

③ 고객의 잘못된 부분은 스스로 깨달을 수 있도록 한다.

④ 관리사의 지시대로 무조건 따르게 한다.

294. **상담시 내담자의 마음을 열도록 도와주는 내용이 아닌 것은?**

① 내담자가 하려고 하는 말을 신중히 자세히 듣는다.

② 상담중 공감대를 형성하는 작은 동작으로 표현한다.

③ 내담자의 말에 경청한다.

④ 내담자의 잘못을 따진다.

295. **지성형 탈모고객의 탈모방지와 지연을 위한 관리방법으로 적당하지 않은 것은?**

① 영양공급을 위한 동물성 지방을 많이 섭취한다.

② 모발과 두피를 항상 청결히 한다.

③ 두피타입에 맞는 샴푸와 영양을 공급해준다.

④ 피지자극에 원인이 되는 스트레스를 해소해준다.

296. **상담중 두피분석의 목적이라고 볼 수 없는 것은?**

① 고객의 두피타입을 정확히 알아 올바른 관리를 하기 위함이다.

② 두피상태를 결정하여 적절한 트리트먼트를 선택하기 위함이다.

③ 고객의 나이와 건강상태를 관찰하여 두피분석의 중요한 요소로 삼기 위해

④ 고객에게 제품을 판매하기 위해서

297. **두피관리 상담시 순서로 가장 알맞은 것은?**

① 상담 - 1차상담(문진, 시진, 촉진) - 2차상담(진단) - 프로그램선택 - 관리 - 홈케어지도

② 프로그램선택 - 상담 - 진단 - 관리 - 홈케어지도

③ 상담-진단-프로그램선택 - 홈케어지도-관리

④ 지식습득-프로그램선택 - 상담 - 진단 - 관리 - 홈케어지도

298. **상담자는 고객이 고충을 해소할 수 있는 상담이 이루어질 수 있도록 해야 하는 만큼 갖추어야 할 자세와 거리가 먼 것은?**

① 일반적으로 내가 아는대로 무조건 가르친다.

② 상담을 통해 원인을 찾아 방법을 제시한다.

③ 상대말에 쉽게 동화한다.

④ 자신이 판단하고 결정짓는다.

299. **두피관리 모발과 두피의 실제로 관리 종결 후 상담시 주요 사항은?**

① 지나치게 재티겟팅을 유도한다.

② 불만족시 고객의 책임으로 전가한다.

③ 센터에서 전문적인 관리를 유도한다.

④ 새로운 고객유치에 열을 다한다.

300. 다음 중 관리사의 상담 태도로 바르지 않은 것은?

① 정확한 전문 지식 전달

② 비교분석을 통한 상담

③ 비 효과에 대한 고객의 책임전가

④ 고객의 심리적인 상담

예상문제 정답

1	③	2	③	3	④	4	④	5	①	6	③	7	④	8	③	9	④	10	④
11	②	12	②	13	③	14	③	15	①	16	④	17	④	18	③	19	③	20	③
21	②	22	②	23	③	24	②	25	③	26	①	27	①	28	④	29	②	30	③
31	①	32	①	33	②	34	④	35	③	36	②	37	②	38	②	39	④	40	④
41	②	42	②	43	③	44	①	45	②	46	④	47	①	48	①	49	④	50	④
51	①	52	②	53	④	54	②	55	②	56	②	57	④	58	①	59	③	60	②
61	③	62	②	63	④	64	④	65	④	66	①	67	①	68	②	69	②	70	④
71	①	72	④	73	③	74	④	75	③	76	①	77	②	78	②	79	④	80	③
81	①	82	②	83	③	84	①	85	④	86	①	87	③	88	①	89	④	90	②
91	③	92	①	93	④	94	②	95	③	96	④	97	①	98	②	99	①	100	④
101	②	102	②	103	①	104	①	105	④	106	④	107	④	108	④	109	②	110	①
111	③	112	③	113	②	114	④	115	②	116	①	117	④	118	④	119	①	120	③
121	③	122	③	123	②	124	③	125	③	126	①	127	②	128	①	129	④	130	①
131	②	132	①	133	②	134	①	135	①	136	③	137	③	138	②	139	①	140	②
141	①	142	②	143	④	144	④	145	②	146	③	147	③	148	②	149	①	150	①
151	④	152	④	153	②	154	③	155	②	156	③	157	④	158	①	159	②	160	②
161	②	162	③	163	①	164	④	165	②	166	①	167	②	168	②	169	④	170	①
171	②	172	③	173	①	174	③	175	②	176	③	177	③	178	③	179	④	180	④
181	④	182	②	183	④	184	④	185	③	186	①	187	④	188	④	189	②	190	②
191	②	192	③	193	②	194	③	195	①	196	①	197	③	198	③	199	②	200	①
201	②	202	①	203	①	204	③	205	③	206	②	207	③	208	②	209	③	210	③
211	①	212	③	213	①	214	④	215	③	216	①	217	①	218	②	219	③	220	①
221	④	222	②	223	①	224	①	225	③	226	②	227	②	228	④	229	③	230	③
231	③	232	②	233	③	234	①	235	③	236	④	237	④	238	①	239	②	240	③
241	④	242	④	243	①	244	②	245	③	246	④	247	④	248	④	249	①	250	①
251	②	252	③	253	④	254	④	255	④	256	②	257	④	258	①	259	④	260	④
261	③	262	②	263	①	264	④	265	②	266	①	267	④	268	①	269	④	270	④
271	④	272	②	273	②	274	②	275	②	276	①	277	③	278	②	279	①	280	②
281	④	282	③	283	②	284	②	285	②	286	②	287	②	288	①	289	④	290	②
291	④	292	③	293	④	294	④	295	①	296	④	297	①	298	②	299	③	300	③

참고문헌

강주아 외(2019), HAIR SCIENCE, 구민사

곽진만 외(2020), 트리콜로지스트워크북, 구민사

대한두피모발전문가협회(2025), 두피모발상담관리사 예상문제

대한두피모발전문가협회(2025), 두피모발상담관리사 자격검정안내

대한두피모발전문가협회(2025), 두피모발상담관리사 자격시험안내

이수비(2016), 모발과두피관리, 구민사

정하은 외(2015), 미용의 기초, ㈜지구문화

㈜뷰티피아(2025), 최신 두피 및 모발관리 기기학 자료제공

㈜뷰티피아(2025), 최신 두피 및 모발관리 자료제공

최윤경 외(2014), 영양과 건강, 구민사

(KAT)한국두피모발관리사협회(2012), 최신두피모발관리학 , 군자출판사